# 超细钼粉制备原理与技术

# Preparation Principle and Technology of Ultrafine Molybdenum Powder

张国华　周国治　著

科学出版社

北京

## 内 容 简 介

本书主要内容为作者所带领的课题组近 10 年来在超细钼粉制备方向的研究成果，详细介绍了制备超细钼粉的工艺路线及反应机理。书中主要内容包括钼的应用以及当前钼粉制备工艺、熔盐辅助氢气还原 $MoO_2$ 制备超细钼粉工艺、钼核心辅助氢气还原 $MoO_2$ 制备超细钼粉工艺、氢气还原超细 $MoO_3$ 制备超细钼粉工艺以及兼具碳热还原和氢气还原优点的"缺碳预还原+氢气深脱氧"工艺。本书也同时介绍了"缺碳预还原+氢气深脱氧"工艺在超细钨粉制备上的应用情况。

本书可作为高等院校从事超细粉体制备及粉末冶金的师生的教学参考书，也可供从事钼及钨行业的相关研究人员和技术人员参考。

**图书在版编目(CIP)数据**

超细钼粉制备原理与技术 = Preparation Principle and Technology of Ultrafine Molybdenum Powder / 张国华，周国治著. —北京：科学出版社，2021.12

ISBN 978-7-03-069668-7

Ⅰ. ①超… Ⅱ. ①张… ②周… Ⅲ. ①钼化合物-制备 Ⅳ. ①O614.61

中国版本图书馆CIP数据核字(2021)第175666号

责任编辑：李　雪 / 责任校对：王晓茜
责任印制：吴兆东 / 封面设计：无极书装

科学出版社 出版
北京东黄城根北街 16 号
邮政编码：100717
http://www.sciencep.com
北京中石油彩色印刷有限责任公司 印刷
科学出版社发行　各地新华书店经销
*
2021年12月第 一 版　开本：720 × 1000　1/16
2024年 1 月第三次印刷　印张：10 1/4
字数：210 000

**定价：98.00 元**

(如有印装质量问题，我社负责调换)

# 前　言

钼(Mo)是目前应用最广泛的稀有难熔金属之一。钼具有高熔点、高强度、高弹性模量、低膨胀系数、良好的导电性和导热性及优越的抗腐蚀性等优点。凭借着这些优异的特性，钼及其合金材料在很多领域有着重要的应用。钼金属制品通常是以粉体为原料，通过粉末冶金的方式制备。而烧结法是制备难熔金属及其合金材料的主要方法。相比于微米粉末，超细粉末可以在较低的温度下烧结成具有高密度的细晶结构材料，而细化晶粒可以改善金属的性能。因此，难熔金属超细粉体的制备成为近些年研究和关注的热点。

当前工业上生产钼粉的主要工艺为氢气还原商业氧化钼工艺，但是该方法由于难以实现对钼产物形核和生长的调控，因此难以制备出超细钼粉。为此，研究者们开发了诸多制备超细钼粉的方法，如机械球磨法、纳米前驱体还原法、化学气相沉积法、自蔓延还原法、低温熔盐法、热等离子体氢气还原法和金属丝电爆炸法等。但是受限于成本、生产效率、粉末性能、生产安全性等因素，许多方法还处在实验探索和研发阶段。这些因素致使超细钼粉的价格远高于普通钼粉。较大的生产难度和较高的价格极大地限制了超细钼粉在各个领域中的应用。

为实现对制备过程中钼颗粒形核和生长的调控，进而实现低成本、高效率生产超细钼粉，本书作者详细整理了在此领域的研究成果，以钼的氧化物为原料，系统介绍了通过熔盐颗粒辅助、添加 Mo 晶核等形核剂辅助氢气还原 $MoO_2$ 制备超细钼粉。同时详细研究了氢气还原自制超细 $MoO_3$ 制备超细 $MoO_2$，以及进一步通过氢气还原制备超细钼粉的过程及动力学。在此基础上，本书开创性地提出了“缺碳预还原+氢气深脱氧”工艺，并对其中关键的科学机理进行了研究。

本书主要由作者在钼领域多年的研究成果构成。王璐、孙国栋、王大航、宋成民、张勇、李京京在本书的成稿过程中投入了大量精力。参与本书编撰的还有王凯飞、张和、李志博、刘俊汝、杨晓辉、邓孝纯等。可以说，本书是团队成员工作的结晶，在此表示衷心感谢。

希望本书的出版，能使相关领域的研究者或技术人员对超细钼粉的制备过程有系统、全新的认识，为我国钼行业的发展尽绵薄之力。书中不妥之处，恳请读者批评指正。

张国华

2021 年 2 月

# 目　　录

# 1 概　述

现代工业的高速发展对高温环境下所使用的结构材料的性能提出了更高的要求，这一要求促使研究并开发具有高强韧性的耐高温材料成为热点，其中对难熔金属及其合金的研究非常活跃。在常见的难熔金属钒(V)、铌(Nb)、钽(Ta)、铬(Cr)、铼(Re)、钼(Mo)、钨(W)、锆(Zr)和铪(Hf)中，钼不仅具有高熔点、高强度、高弹性模量、较好的耐磨性和良好的导电及导热性能，还具有耐酸碱性、耐液体金属的腐蚀性及膨胀系数低等优点[1-6]。因此，钼及其合金材料在很多领域有着非常重要的应用，是国防和国民经济各部门不可缺少的关键材料。

钼在地壳中的分布极少，丰度仅为 0.0003%，是目前应用最广泛的稀有难熔金属之一。据美国地质调查局统计，2020 年全球的钼矿储量仅有 1800 万 t(金属量，下同)[7,8]。钼资源在全球的分布非常不均匀，主要集中分布在中国、美国、秘鲁，上述三国占全球总储量的 77%。其中，中国储量最多，为 830 万 t，占 46%；美国 270 万 t，占 15%；秘鲁 290 万 t，占 16%。中国是钼矿资源最丰富的国家，主要集中分布在河南、陕西、吉林和辽宁等地。此外，南方地区如江西、福建和湖南等地也发现了大量的大型钼矿床。2016 年国土资源部发布的《全国矿产资源规划(2016-2020 年)》[9]将钼列入战略性矿产。我国是钼产品出口量最大的国家之一[7,10]，但是具有高附加值的深加工钼产品与发达国家相比还有不小差距。因此，鉴于我国丰富的钼资源储量及其重要价值，开发高附加值的钼产品、实现钼资源的高效合理利用是我国相关科研工作者所面临的重大课题。

近年来，随着航空航天、军事、化学、核能和冶金等行业的快速发展，一些普通钼基材料已远不能满足尖端领域材料各项性能的指标要求。由于难熔金属的熔点较高，其相关合金材料通常以粉体为原料，通过粉末冶金的方式制备。超细(如纳米级)颗粒有许多独特的性质，如极高的比表面积、界面处原子具有较高的化学活性等，这些特性能显著改善它们的物理和化学性质[11-15]。超细粉体具有较高的烧结活性，从而可以在比微米粉末低得多的温度下烧结成高致密度的合金。使用超细粉末不仅可以极大地降低烧结温度和缩短烧结时间，还可以制备细晶材料，而细化晶粒可以显著改善金属的机械性能。因此，为了满足应用需求，难熔金属超细粉体及超细晶合金一直是人们关注和研究的热点。而对于钼来说，超细钼粉的制备也是获得超细晶钼材及其合金的关键。通常来说，粒径大小在 1～100μm 的粉体称为微米粉体，0.1～1μm 的粉体称为亚微米粉体，1～100nm 的粉体称为纳米粉体。为了区别商业的微米级钼粉和便于统一描述，本书将 1μm 以下的粉体统称为超细粉体。

目前，工业上生产钼粉的主要工艺为氢气两段还原三氧化钼($MoO_3$)工艺[16,17]，使用该工艺可以制备出纯度较高的微米级钼粉，但难以制备出超细钼粉。虽然不同研究者开发了多种制备超细钼粉的方法，但受限于成本、生产效率、粉末性能、工艺安全性等原因，大多数方法还处在实验探索和研发阶段，难以进行规模化的工业实施。这使得超细钼粉的价格远高于普通微米级钼粉，较大的生产难度和较高的价格也极大地限制了超细钼粉在各个领域中的应用。虽然很多研究者一直致力于寻找低成本、高效率和适合大规模工业化生产的制备超细钼粉的方法，但是至今仍然没有特别大的突破。因此，超细钼粉的低成本、高效率和大规模工业化制备方法仍然是个难题。

## 1.1　钼及其合金

### 1.1.1　钼的性质

钼元素于1778年由瑞典科学家Scheele在用硝酸分解钼精矿时首次发现。但是，直到1893年，Moissan通过加热碳和$MoO_2$才制备出钼含量在92%～96%的金属钼[1-3,16,18]。钼是元素周期表第五周期、第ⅥB族的过渡金属元素，原子序数为42，相对原子质量为95.94，原子半径为0.139nm。

1)钼的物理性质[1-4]

钼是一种具有高沸点(5560℃)和高熔点(2610℃)的难熔金属，密度为10.22g/cm$^3$。蒸气压很低，高温下的挥发速度也较小。

此外，钼还具有以下主要物理性质。

(1)线膨胀系数低：为一般钢材的1/3～1/2，这种低的热膨胀系数使得钼材在高温下的尺寸稳定并且抗热震和热疲劳，减少了破裂的危险。

(2)弹性模量高：它是金属中弹性模量最高者之一，并且受温度影响较小，在800℃时其数值仍高于普通钢在室温下的数值。

(3)热导率高：约为铜的35%，数倍于许多高温合金。高的热导率和低的热容使钼能快速地升温和冷却，较其他多数金属形成的热应力低，这使得钼很适合用于电气用途。

(4)电阻率较低：室温时约为5.2μΩ·cm，随着温度的升高略有增加。

2)钼的化学性质[17-19]

钼是典型的过渡族金属，具有两个未被电子充满的外电子层(N层和O层)，在N层中电子分布为$4s^2$、$4p^6$和$4d^5$，在O层中为$5s^1$。其主要的离子形态$Mo^{4+}$和$Mo^{6+}$的离子半径分别为0.068nm和0.065nm。它可以呈现不同的价态，如0、

$2^+$、$3^+$、$4^+$、$5^+$和 $6^+$等，其中 $4^+$和 $6^+$价最为稳定。同时，钼的低氧化态化合物呈碱性，高氧化态化合物呈酸性。一般来说，除高价态的 $MoO_3$ 呈酸性外，其他的氧化钼基本都呈碱性。

在常温空气中，钼可以稳定存在；然而，在空气气氛下，当温度升高至 400℃左右时，钼便开始发生轻微氧化；当温度为 500～600℃时，钼能迅速氧化成 $MoO_3$；当温度为 600～700℃时，钼不但会迅速氧化成 $MoO_3$，而且此时 $MoO_3$ 开始发生挥发升华[16,17,19]；当继续升高温度至 700℃以上时，水蒸气都可以将钼氧化成 $MoO_2$[1]；$CO_2$ 也可以在温度高于 700℃时将钼氧化。

$$Mo + 1.5O_2 \Longrightarrow MoO_3 \tag{1-1}$$

$$Mo + 2H_2O \Longrightarrow MoO_2 + 2H_2 \tag{1-2}$$

$$Mo + 3CO_2 \Longrightarrow MoO_3 + 3CO \tag{1-3}$$

CO、碳及碳氢化合物可以在 800℃与钼发生反应并生成碳化钼（$Mo_2C$）[2,16]。当在氢气气氛中加热钼时，可以吸收少量的氢气形成固溶体[17]。600℃时钼在氮气中开始脆化，生成氮化钼（$Mo_2N$），更高温度时 $Mo_2N$ 分解。钼与 S 在温度高于 440℃，与 Si 在温度高于 1200℃时会发生反应，分别生成 $MoS_2$ 和 $MoSi_2$。

$$2Mo + C \Longrightarrow Mo_2C \tag{1-4}$$

$$Mo + 2S \Longrightarrow MoS_2 \tag{1-5}$$

$$Mo + 2Si \Longrightarrow MoSi_2 \tag{1-6}$$

钼在熔融的铋（Bi）、钠（Na）、锂（Li）、钾（K）、铅（Pb）、铜（Cu）、银（Ag）和铷（Ru）中都具有良好的耐腐蚀能力。在 600℃以下，钼不会与汞发生反应，所以钼在水银开关中的应用非常广泛。钼对熔融锌（Zn）的耐腐蚀能力适中，但与钨合金化之后具有更好的耐腐蚀性。钼在熔融的锡（Sn）、铝（Al）、镍（Ni）、铁（Fe）和钴（Co）中会发生溶解，基本不具耐腐蚀能力[1,17,20,21]。

常温下，钼在盐酸和硫酸中可以稳定存在，即具有一定的抗盐酸和硫酸的腐蚀性；但当温度提高至 80～100℃时，则会发生稍许溶解。钼具有抗氢氟酸的侵蚀性，但会迅速溶解在氢氟酸和硝酸的混合液中[1,17,20,21]。钼与 F、Cl、Br 和 I 等卤族元素在适当的温度时能发生反应并生成相应的卤化钼。

3）钼的力学性能[6]

钼的延伸性能比钨好，易于加工成型，可以做成很细的丝材和很薄的箔材，具有很好的抗拉性能和抗蠕变性能，并且硬度很高。

### 1.1.2 钼的应用

钼是一种重要的稀有战略资源，由于其具有高熔点、高硬度、高强度、良好的导电和导热性、耐磨性和耐腐蚀性能等，因此钼在很多领域具有非常广泛的用途[22-28]。

1) 钢铁工业中的应用

钼主要用作钢的添加剂，钢铁工业消耗的钼占钼产品总消耗量的 70%～80%。在钢中加入钼后，能够赋予钢材均匀的微晶结构，提高晶粒的粗化温度，可显著改善钢的淬透性、韧性、高温强度和抗蠕变性能等。在大多数钢铁企业内，一般以钼铁和 $CaMoO_4$ 的形式加入；当熔炼特殊精密钢时，可以炼钢钼条的形式加入。

2) 航天、军工工业中的应用

由于钼的密度小，熔点高，并且其高温强度和抗腐蚀能力好，因此钼及其合金非常适合用于耐高温部件。例如，钼及其合金可用于火箭发动机高温结构材料方面，用作发动机或燃气舵片的材料等。另外，高强度的细钼丝可用作在高温工作条件下的纤维增强复合材料中的加强纤维。钼铜合金可制作真空触头、导电散热元件和导弹高温部件等。

3) 电子工业中的应用

由于钼具有良好的导热性、导电性和很强的力学性能，因此钼可用来制造电子管中的放大器、发射管、高压整流器和气体放电器中的各种元件、阴极、阴极支柱、电流引线及各种不同形状的电极等。由于钼与水银不发生反应，具有耐腐蚀性，因此钼可以用作水银开关的电极。钼铼合金也可广泛用于超高频放大器的能量输入端、仪器的扭力元件和拉力元件等。

4) 农业中的应用

$Na_2MoO_4$、$MoO_3$ 经过煅烧后的辉钼矿及含钼的工业废料都可用作肥料。微量的钼可刺激植物生长，尤其对豆科植物的作用更为显著，施加微量的钼肥能使大豆增产 10%～15%，水稻增产 20%～25%。因此，钼的化合物(主要以 $(NH_4)_2MoO_4$ 的形式存在)也可用于生产化肥。

5) 石油化工工业中的应用

化学工业消耗的钼约占钼总消耗量的 10%，而且消耗量在逐年上升。其主要用于设备材料、催化剂、腐蚀抑制剂、实验室试剂、阻燃剂和消烟剂等方面。在化工设备方面，由于钼具有优良的耐酸和耐其他金属腐蚀的性能及相对适中的价格，因此金属钼常用于制作真空管、热交换器、重蒸锅、油罐衬里等化工设备材料。$MoO_3$、$MoS_2$ 及有机钼等形式的钼化合物是石油化工和化学工业中一类非常重要的催化剂和催化剂的活化剂，常用于氧化-还原反应、有机合成、加氢脱硫、加氢脱氮、烃类异构化、石油加氢精制、合成氨和有机裂解(石油的裂化和重整，丙酮分解为甲酮)、烟气脱硝等方面。特别是在石油加工工业、含钼催化剂具有重要的地位，尤其是 $Mo_2C$ 和 $Mo_2N$，是一种非常有潜力的替代铂(Pt)和金(Au)的催化剂。

6)其他方面的应用

钼的杂多酸制成的黄色颜料常用作公路的路标、道标，在夜间灯光的反射下标志将显示发光，十分清晰，灯灭后依然黑暗。另外，钼具有热中子捕获界面较小、有持久强度、具有对核燃料的性能稳定和可抵抗液体金属的腐蚀等特性，因此它可以大量应用于处理核燃料的钼舟和反应堆的结构材料等。

综上所述，钼及其合金凭借其优异的性能在许多领域有着非常重要的应用，成为现代高科技发展不可缺少的原材料之一，在工业中发挥着越来越重要的作用。表 1-1[29]列出了钼及其部分合金的一些用途。

**表 1-1 钼及其部分合金的性能及应用[29]**

| 合金种类 | 合金成分 | 主要性能 | 产品应用 |
| --- | --- | --- | --- |
| 纯钼 | 钼含量 99.95%(质量分数) | 导热性好、热膨胀系数小 | 钼丝(电子装置材料)、靶材 |
| 硬质合金 | TZM | 高温强度高、抗蠕变性好 | 电子栅极材料、压铸模具、高温发热体 |
| | MHC | 高温强度高、抗蠕变性好 | 火箭助推器、烧结舟皿 |
| 稀土钼合金 | 含 $La_2O_3$ 等稀土氧化物 | 高温强度高、抗蠕变性好 | 电源灯丝、核工业材料、电极、坩埚 |
| 掺杂合金 | Mo-W | 高温强度高、耐腐蚀 | 锌冶炼炉耐蚀部件 |
| | Mo-Re | 低温延展性好 | 热离子交换器、电子元器件 |
| | Si-Al-K 掺杂 | 高温强度高、抗蠕变性好 | 高温钼丝 |
| 钼铜合金 | Mo-Cu | 导电和导热性好、可调节的热膨胀系数、机加工性好 | 电子封装材料、电触头材料、散热器 |
| 钼硅合金 | $MoSi_2$、$Mo_2Si_3$、$Mo_2Si$ | 高温抗氧化性好、抗蠕变性好 | 高温抗氧化涂层、热电锅外套 |

尽管金属钼材料有一系列优异的物理、化学和机械性能，但是纯金属钼有高温下易氧化、再结晶温度低、塑-脆转变温度高、低温脆性、再结晶后易脆断，以及在高温下强度、韧性、硬度和耐磨性差等不足[1,2,18,29-40]。这些不足限制了钼及其合金的加工和应用。为了提高钼金属制品的各项性能，扩大钼及其合金制品的应用范围，国内外许多研究人员对钼及其合金材料做了大量的研究。通过固溶强化、弥散强化、细晶强化、纤维强化等强化机理，大幅度提高了钼合金的性能[30, 37-41]。

根据经典的 Hall-Petch 理论[37,42-44]，随着晶体粒度的减小，金属材料的机械性能得到显著改善，如强度、硬度、韧性等。因此，相对于普通钼基材料，超细晶钼基材料进入了人们的视线，逐渐成为人们关注的研究方向。同时细化晶粒也是缓和硬度和强度之间的矛盾，使两者进行有效结合的最有效的途径。

对于难熔金属，由于其熔点较高，因此烧结法是制备难熔金属及其合金材料的主要方法。目前超细晶难熔金属材料的制备方式可以分为两种，自下而上和自上而下的途径[39,45-49]。自上而下法是将烧结成的大晶粒(一般大于 10μm)合金坯料经过机械加工(如热轧、热挤压和大塑性变形等)并结合恰当的热处理制度，加工成细晶材料，但是工序烦琐，成本较高。自下而上法是指用超细难熔金属粉体在较低的温度和较短的时间烧结为高致密度的超细晶材料，是制备超细晶钼及其合金的常用方法[46]。所以，研究低成本制备高纯度的超细难熔金属粉体具有重要的实际意义。

# 1.2 钼粉的制备工艺

## 1.2.1 钼粉的工业制备方法

钼粉是目前工业制备钼及其合金的主要原料。目前，工业上制备钼粉的主要工艺是氢气两段式还原 $MoO_3$。首先，在 450～650℃用氢气还原商业高纯 $MoO_3$ 制备出 $MoO_2$，然后在 850～1100℃再将 $MoO_2$ 继续用氢气还原为钼粉。用此方法制备的钼粉成本低、生产效率高、纯度高而且易于工业化生产，但是难以制备出超细钼粉[16, 17, 50-54]。

许多研究者对氢气还原氧化钼($MoO_3$ 和 $MoO_2$)进行了研究[16, 17, 50-52, 55]。在氢气还原 $MoO_3$ 的常规过程中，通过调控温度、料层厚度、氢气露点及流速等难以实现对产物的形核和生长过程及最终粒度的调控，因此制备出的钼的粒度较大，一般为微米级。

钼及其合金材料是由钼粉(或合金粉)压坯后在氢气或真空气氛下烧结而成。钼粉的特性(粒度)决定了烧结的温度和时间，继而影响烧结坯的微观结构(晶粒大小)和性能。目前，氢气还原工艺生产的商业钼粉的粒度较大(2～5μm)，如图 1-1 所示，其烧结活性较低。因此，通常需要在约 1900℃时烧结较长时间才能达到约 95%的相对密度[54, 56]。图 1-2 是图 1-1 中的微米级商业钼粉在 1960℃烧结 6h 后的电镜照片[54]，从中可以看到较高的烧结温度和较长的烧结时间导致所制备样品晶粒的平均尺寸达到数十微米。这不仅无法获得高性能的钼材，而且较高的烧结温度和较长的烧结时间还使得烧结成本较高。而超细钼粉在较低的烧结温度和较短的烧结时间可实现样品的致密化，从而制备性能优异的细晶钼合金。

图 1-1 商业钼粉的电镜照片(钼粉粒度为 2～5μm)[54]

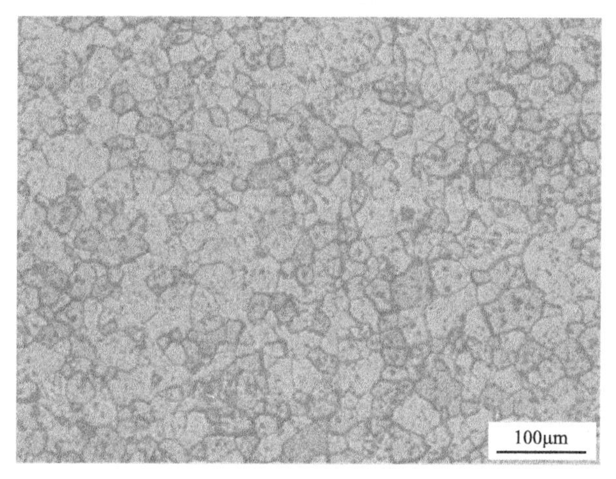


图 1-2 商业钼粉在 1960℃烧结 6h 后的电镜照片[54]

### 1.2.2 超细钼粉的制备方法

对于一个晶粒，其内部的原子排列近似于理想晶体，每个原子规律地占据一个重复的位置并且它们之间由键相连接(没有断裂键)，如图 1-3(a)所示。但是，颗粒的自由表面却被断裂键覆盖，如图 1-3(b)所示，这种断裂键导致表面能增加，而且表面能由断裂键的密度决定[57]。当颗粒的粒度减小时，颗粒表面原子的比例会增加，使断裂键的密度增加，进而导致颗粒表面能的增加。因此，超细粉体具有高的表面能。对于一个体系而言，其总是存在降低自由能的趋势。对于给定的质量，体系颗粒数量的减少(聚结成大颗粒)是减少其自由能最便捷的途径。图 1-4 是 Johnson[58]理论计算的钼粉粒度、烧结温度和相对密度之间的关系图(烧结时间为 10h)，从中可以看到钼粉达到较高致密度(>95%)所需的温度随着钼粉粒度的减小而显著减小。因此，纳米粉体由于具有非常高的烧结活性，可以在较低的温度下实现烧结致密化[57-62]。例如，纳米钼粉(约 100nm)可以在 1200℃烧结成致密的细晶钼材，这远低于微米级商业钼粉需要的 1900℃的高温[61, 62]。纳米钨粉(约 50nm)可以在约 1100℃烧结为理论密度达 95%的较为致密的样品，这也远低于商业微米钨粉所需的 2500℃的高温[15, 63]。

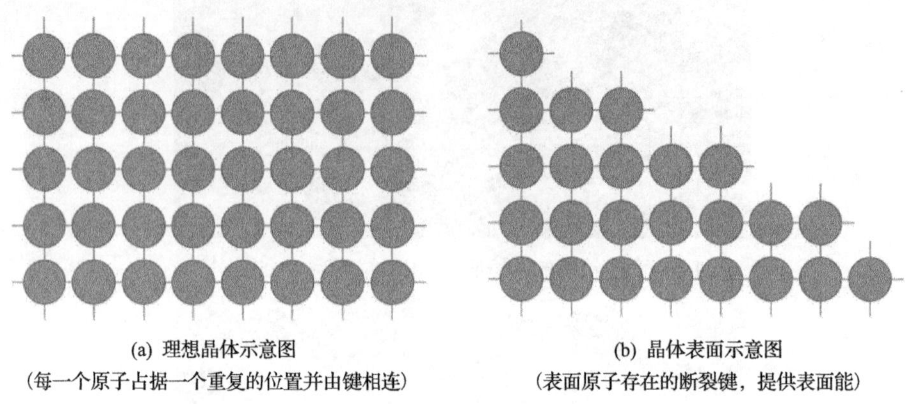

(a) 理想晶体示意图
(每一个原子占据一个重复的位置并由键相连)

(b) 晶体表面示意图
(表面原子存在的断裂键，提供表面能)

图 1-3 晶体示意图[57]

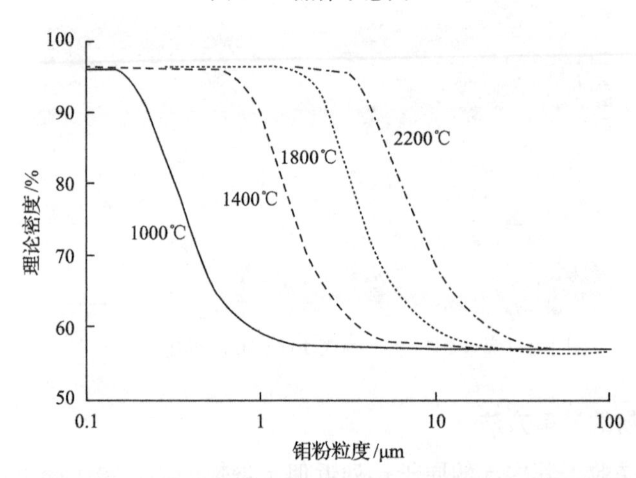


图 1-4 理论计算的钼粉粒度、烧结温度和相对密度的关系图(烧结 10h)[58]

由于超细钼粉优异的烧结活性(烧结温度低、烧结时间短)且传统氢气还原工艺难以制备出超细钼粉，因此国内外许多研究者开发了一系列制备超细钼粉的工艺，如机械球磨法、机械活化还原法、化学气相沉积法、自蔓延合成法、碳热还原法等。

#### 1.2.2.1 机械球磨法

机械球磨法(MA)是粉末在高能球磨的作用下产生破碎、变形和细化等的反复过程，它是制备超细粉末的一种常用方法。球磨制备纳米钼粉是在低温和惰性保护气氛中，使硬质磨球对原料进行长时间强烈的搅拌、撞击和研磨，将普通粗粒度钼粉破碎为纳米级颗粒。桑野寿等[64]将 200 目的钼粉分别放在碳素钢、不锈钢和硬质合金等材料制作的容器中长时间球磨制得纳米钼粉。但是，长时间的球磨过程会引入球磨介质的杂质，易使样品受到污染。而且，由于球磨的球料比较高和球磨时间较长，这将导致生产效率较低。因此它只适用于对纯度要求不太高的粉体制备。

#### 1.2.2.2　机械活化还原法

机械活化是指利用球磨制备出纳米级的氧化钼或前驱体混合物，然后进行低温还原反应。Kim 和 Saghafi 等[61,62,65]将 $MoO_3$ 进行高能机械球磨 20h 后制备出纳米 $MoO_3$，然后用氢气进行低温还原制备出了纳米钼粉。但是，由于在氢气还原过程中气相水合物的生成，钼会以化学气相传输机理（CVT 机理）生长并黏结在一起，这使得用该方法制备的钼粉的结块现象很严重，如图 1-5 所示。另外，这种方法无法控制产物中残余碳的含量且长时间的高能球磨易引入球磨介质的杂质，这导致所制备的钼粉的纯度较低。

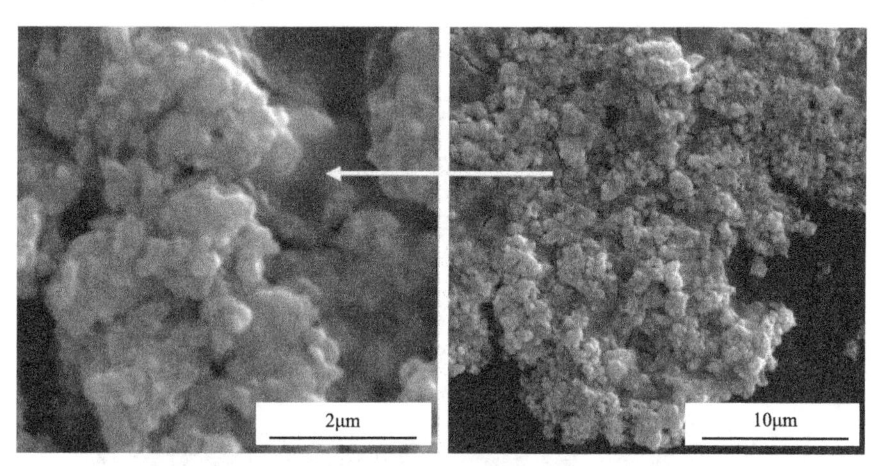


图 1-5　氢气还原纳米 $MoO_3$ 制备的钼粉[65]

#### 1.2.2.3　化学气相沉积法

化学气相沉积法（CVD）是气体原料在一定条件下发生化学反应，生成固态产物原子或分子，然后进行形核、生长及沉积的过程，它可以通过控制过饱和度和冷却速度来调控产物颗粒的形核和生长，进而实现对产物粒度的调控。化学气相沉积法制备钼粉常用的原料有羟基钼（$Mo(CO)_6$）、气态三氧化钼（$(MoO_3)_3$）和氯化钼（$MoCl_6$）。Liu 和 Gu[66]将羟基钼 $Mo(CO)_6$ 在 $N_2$ 等离子体气氛下进行热解，产生粒度均匀性很高的纳米级钼粉，其采用的装置图和所制备的纳米钼粉的电镜照片分别如图 1-6 和图 1-7 所示。该方法可以将反应中生成的 CO 立即排走，使产生的钼粉迅速冷却并进入收集装置。该方法具有纯度高、烧结性能优异等优点，单颗粒近似球形，分布也比较均匀，在工业生产中得到了比较广泛的应用。Shibata 等[67]和 Wang 等[68]以 $MoO_3$ 为原料，在高温炉中蒸发得到气态 $MoO_3$，通入氢气直接还原气态 $MoO_3$，制备出纳米钼粉(图 1-8)。Lamprey 和 Ripley[69]采用氢气还原气态 $MoCl_6$ 的方法制备出了颗粒大小为 0.01～0.1μm 的超细钼粉。使用以上方法虽然可以制备纯度较高的超细钼粉，但是气相反应不易控制，其产物的形核和生长过程在极短的时间内完成。另外，该方法对设备的要求较高、操作难度大、连续生产困难、生产效率低且成本较高。

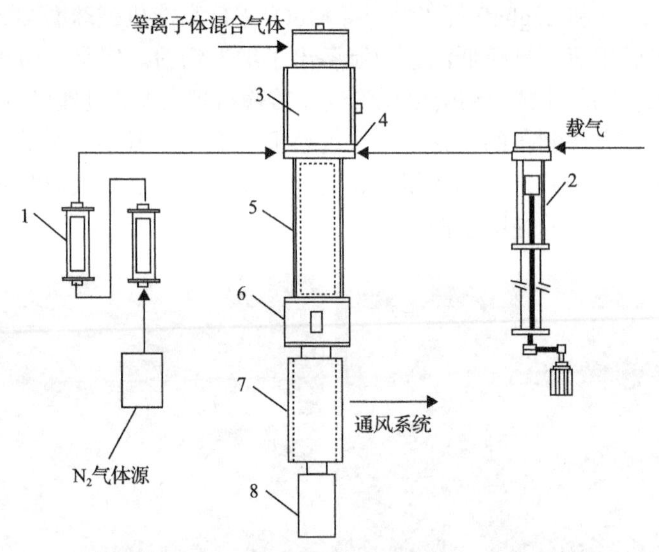


图 1-6　化学气相沉积法制备纳米钼粉的装置图[66]

1. 气体净化系统；2. 给料设备；3. 等离子体管；4. 反应物排放器；5. 反应室；6. 热交换器；7. 过滤器；8. 集电器

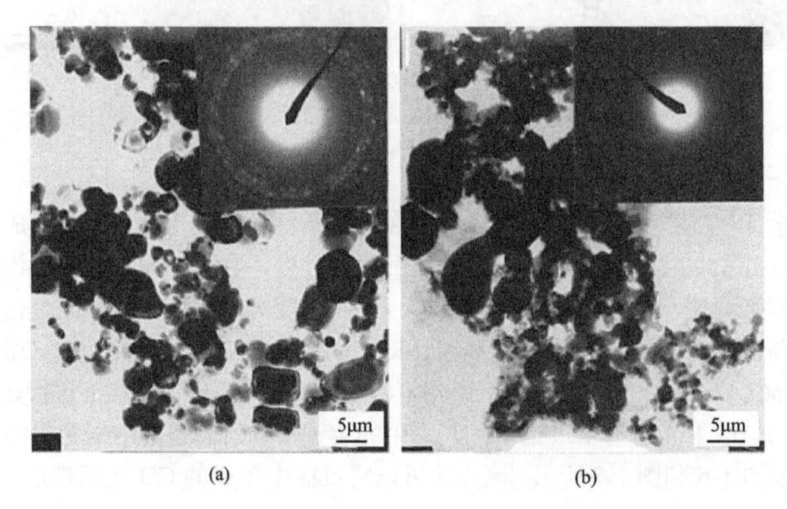

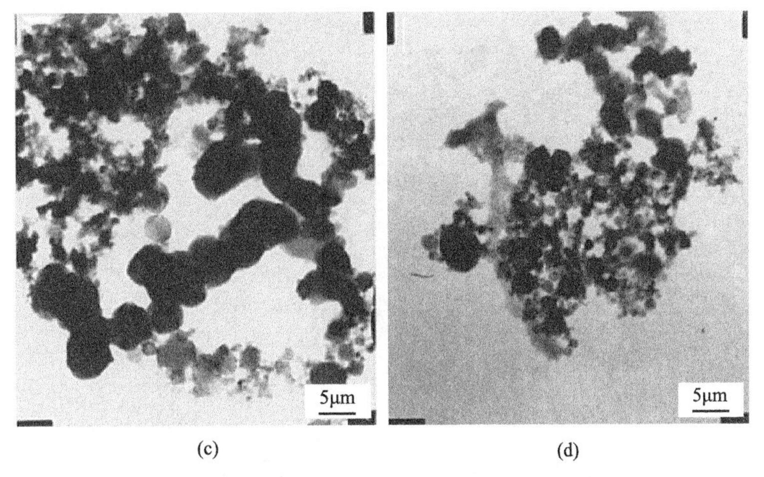


(c)　(d)

图 1-7　化学气相沉积法制备的纳米钼粉[66]

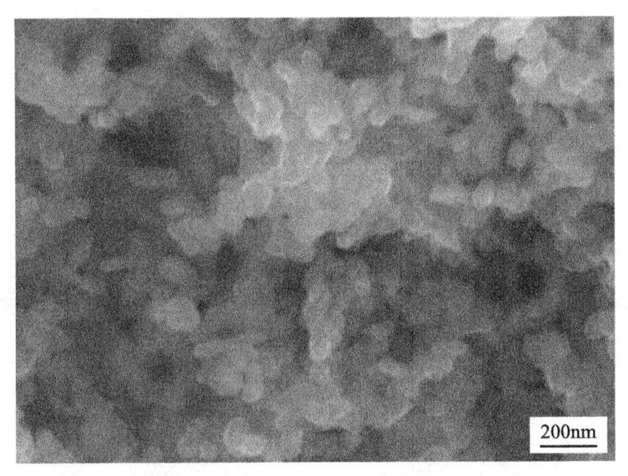


图 1-8　氢气还原升华 $MoO_3$ 制备的纳米钼粉[68]

#### 1.2.2.4　自蔓延合成法

Nersisyan 等[70]采用自蔓延合成法成功制备了超细钼粉。以 $MoO_3$（<1μm，99.5%）、$NaBH_4$（<50μm，98%）和 NaCl（<50μm，99.5%）为原材料，混合均匀后，压成直径为 30mm、高为 40～50mm 的圆柱坯体。在 1MPa 的氩气压力下用能量脉冲进行加热，引发自蔓延反应。研究发现制备出的超细钼粉的尺寸与所加 NaCl 的量有关，NaCl 起到调控颗粒大小的作用。当 $MoO_3$：$NaBH_4$：NaCl=1：1.5：2 时，可以制备出尺寸为20～100nm的纳米钼粉，产物的微观形貌如图 1-9 所示。Hoseinpur 等[71]用微波辅助锌与氧化钼自蔓延反应也制备出了超细钼粉，如图 1-10 所示。但是自蔓延反应迅速、放热剧烈且过程难以控制，同时产物需要水洗或酸洗。

图 1-9 $MoO_3$∶$NaBH_4$∶NaCl=1∶1.5∶2 时制备的超细钼粉[70]

图 1-10 微波辅助锌与氧化钼自蔓延反应制备的超细钼粉[71]

#### 1.2.2.5 金属热还原法

Davtyan 等[72]和 Aydinyan 等[73]分别以 Zn 和 Mg-C 复合还原剂还原 $MoO_3$ 制备出了尺寸为 0.1～1μm 和 1～3μm 的钼粉。Manukyan 等使用 Zn-Mg 复合还原剂还原钼酸铵制备了尺寸为 0.1～1μm 的钼粉[20]。Huang[74]等以 $Na_2MoO_4$ 和 Al 为原料，NaCl、KCl 和 NaF 为反应介质，在低至 650℃下合成了尺寸约 46nm 的纳米钼粉，如图 1-11 所示。金属热还原法的还原成本较高，反应速度通常很快，难以控制，如果大批量生产可能存在较大的安全隐患，且反应后需要用酸洗的方法除去生成的金属氧化物。

图 1-11　$Na_2MoO_4$ 和 Al 反应制备的纳米钼粉[74]

1.2.2.6　碳热还原法

Saghafi 等[75]将 $MoO_3$ 和 C 在高能球磨机内充分混合 25h 以上可制备出纳米级钼粉，在低温段先还原出 $MoO_2$，然后通过高温反应制备出平均粒径为 45nm 的超细钼粉。但是长时间的高能球磨容易引入球磨介质的杂质，且生产效率较低、能耗和成本较高。林宇霖等[76]以石墨粉和四钼酸铵为原料，通过碳热还原制备了金属钼粉，但是钼粉的碳含量较高，且产物的粒度较大。

由于碳还原过程中碳和钼极易生成 $Mo_2C$，钼粉中的碳含量难以得到有效控制，造成所制备钼粉中的残余碳含量过高，最终影响钼粉的纯度。同时，由于难以确定高温下生成的气体产物中 CO 和 $CO_2$ 的比例，而且它们的比例随料层厚度、载气流速、温度和配碳量的变化而波动，这使得难以精确计算理论配碳量。由于在碳热还原过程中没有气相水合物的生成，因此产物颗粒无法通过化学气相迁移的方式长大，这给钼粉粒度的调控提供了便利条件。同时，考虑到碳热还原在成本和过程控制等方面的优势，其仍有非常大的应用前景。然而，实际上并不能单纯使用碳还原制备高纯度的钼粉。综上分析我们课题组提出了“缺碳预还原+氢气深脱氧”[77]及“缺碳预还原+镁深脱氧”[78]的新工艺：在碳还原阶段用不足的碳作为还原剂还原 $MoO_3$，制备残余碳很低并含有一定量 $MoO_2$ 的预还原钼粉(后续章节有详细介绍)，然后用氢气或镁进行深脱氧，取得了很好的效果。

1.2.2.7　其他方法

制备超细钼粉还有其他的方法，如封闭循环氢气还原法[79]、电脉冲法[80]、金属丝电爆炸法[81]、氢气还原氧化钼纳米纤维法[82]、冷凝流粉碎法[83]和均匀沉淀法[84]等。不过这些方法尚停留在实验研究阶段。

综上所述，虽然有很多方法能制备超细钼粉，但是受限于生产成本、生产效率、工艺安全性、粉末粒度和纯度等原因，大多数方法还处在实验探索和研发阶段，难以用于大规模工业化生产高纯超细钼粉。目前，尚没有可大批量制备超细钼粉的低成本工艺，而用其他工艺小批量制备的超细钼粉的价格远高于普通的微米级钼粉。较高的制备难度和生产成本极大地限制了超细钼粉在各个领域中的应用。所以，开发低成本、高效率和适合大规模工业化生产的超细钼粉的制备方法具有重要的实际意义。

## 参 考 文 献

[1] 向铁根. 钼冶金[M]. 长沙: 中南大学出版社, 2009.

[2] 张启修. 钨钼冶金[M]. 北京: 冶金工业出版社, 2009.

[3] 王发展, 李大成, 孙院军. 钼材料及其加工[M]. 北京: 冶金工业出版社, 2008.

[4] 赵宝华, 朱琦, 王林. 钼及钼复合材料理论与实践[M]. 西安: 西北工业大学出版社, 2014.

[5] Kim Y. Consolidation behavior and hardness of P/M molybdenum[J]. Powder Technology, 2008, 186(3): 213-217.

[6] Gupta C K. Extractive Metallurgy of Molybdenum[M]. Florida: Crc Press, 1992.

[7] 周园园, 王京, 唐萍芝, 等. 全球钼资源现状及供需形势分析[J]. 中国国土资源经济, 2018, (3), 32-37.

[8] USGS. Minerals Commodity Summaries 2020[R]. USGS, 2020.

[9] 国土资源部. 全球矿产资源储量通报 2016[M]. 北京: 地质出版社, 2016.

[10] 张照志, 王贤伟, 张剑锋, 等. 中国钼矿资源供需预测[J]. 地球学报, 2017, 38(1), 69-76.

[11] Won C W, Nersisyan H H, Won H I, et al. Refractory metal nanopowders: Synthesis and characterization[J]. Current Opinion in Solid State & Materials Science, 2010, 14(3): 53-68.

[12] 傅小明. 纳米钼粉的制备技术及研发现状[J]. 中国钼业, 2010, 34(6): 37-39.

[13] Meyers M A, Mishra A, Benson D J. Mechanical properties of nanocrystalline materials[J]. Progress in Materials Science, 2006, 51(4): 427-556.

[14] Dao M, Lu L, Asaro R J, et al. Toward a quantitative understanding of mechanical behavior of nanocrystalline metals[J]. Acta Materialia, 2007, 55(12): 4041-4065.

[15] Ren C, Fang Z Z, Zhang H, et al. The study on low temperature sintering of nano-tungsten powders[J]. International Journal of Refractory Metals & Hard Materials, 2016, 61: 273-278.

[16] 王璐. 超细氧化钼的制备及其气基还原动力学机理研究[D]. 北京: 北京科技大学, 2018.

[17] 党杰. 钼氧化物还原过程中的物相转变规律及其动力学机理研究[D]. 北京: 北京科技大学, 2016.

[18] 周航. $Al_2O_3$颗粒增强 Mo 基复合材料的制备与组织性能研究[D]. 西安: 西安理工大学, 2015.

[19] 李洪桂. 有色金属提取冶金手册—稀有高熔点金属[M]. 北京: 冶金工业出版社, 1999.

[20] Manukyan K, Davtyan D, Bossert J, et al. Direct reduction of ammonium molybdate to elemental molybdenum by combustion reaction[J]. Chemical Engineering Journal, 2011, 168(2): 925-930.

[21] 王纪生. 中国钼产品营销现状与替代品[J]. 现代企业, 2011(10): 61,62.

[22] 张青莲, 申泮文. 无机化学丛书, 第一卷[M]. 北京: 科学出版社, 1984: 237-239.

[23] 申泮文, 车云霞, 罗裕基. 无机化学丛书[M]. 北京: 科学出版社, 1998.

[24] 周云忠, 王顺昌. 2001 年钼市场回顾与展望[J]. 中国金属通报. 2002, 26(1): 50-55.

[25] 杨敏陔. 我国钼冶炼产品发展浅析[J]. 中国钼业, 1994, 18(2): 11-18.

[26] 罗振中. 钼的应用及其发展[J]. 中国钼业, 1998, 22: 17-20.

[27] 张文朴. 钼在现代化学化工中的应用[J]. 钼业经济技术, 1991: 47-55.

[28] 蔡显弟. 钼催化剂的发展及其前景[J]. 钼业经济技术, 1991: 43-47.

[29] 居炎鹏, 王爱琴. 钼合金研究现状[J]. 粉末冶金工业, 2015, 25(4): 58-62.

[30] 杨松涛, 李继文, 魏世忠, 等. 纯钼及钼合金板材轧制加工工艺探讨[J]. 材料研究与应用, 2010, 4(1): 60-64.

[31] 冯鹏发, 孙军. 钼及钼合金粉末冶金技术研究现状与发展[J]. 中国钼业, 2010, 34(3): 39-45.

[32] 王东辉, 袁晓波, 李中奎, 等. 钼及钼合金研究与应用进展[J]. 稀有金属快报, 2006, 25(12): 1-7.

[33] 肖江涛, 汤烈明. 应用于钼靶材的大粒度钼粉制备技术[J]. 铸造技术, 2017, (09): 46-49, 53.

[34] 许菱, 许孙曲. 钼在电子行业中的应用[J]. 稀有金属快报, 2000, (11): 16-18.

[35] 谭望, 陈畅, 汪明朴, 等. 不同因素对钼及钼合金塑脆性能影响的研究[J]. 材料导报, 2007, 21(8): 80-83.

[36] 代宝珠. $Al_2O_3$颗粒增强钼基复合材料的制备与性能研究[D]. 洛阳: 河南科技大学, 2010.

[37] Zhang G J, Sun Y J, Niu R M, et al. Microstructure and strengthening mechanism of oxide lanthanum dispersion strengthened molybdenum alloy[J]. Advanced Engineering Materials, 2004, 6(12): 943-948.

[38] Cui C, Zhu X, Liu S, et al. Effect of nano-sized $ZrO_2$ on high temperature performance of Mo-$ZrO_2$ alloy[J]. Journal of Alloys and Compounds, 2018, 768: 81-87.

[39] Liu G, Zhang G J, Jiang F, et al. Nanostructured high-strength molybdenum alloys with unprecedented tensile ductility[J]. Nature Materials, 2013, 12(4): 344.

[40] Danisman C B, Yavas B, Yucel O, et al. Processing and characterization of spark plasma sintered TZM alloy[J]. Journal of Alloys and Compounds, 2016, 685: 860-868.

[41] 侯风亮. 自生 $Al_2O_3$ 增强钼基复合材料的组织与性能[D]. 洛阳: 河南科技大学, 2011.

[42] Kang J, Sun X, Deng K, et al. High strength Mg-9Al serial alloy processed by slow extrusion[J]. Materials Science and Engineering: A, 2017, 697: 211-216.

[43] Yuan W, Panigrahi S K, Su J Q, et al. Influence of grain size and texture on Hall-Petch relationship for a magnesium alloy[J]. Scripta Materialia, 2011, 65(11): 994-997.

[44] Kim Y, Lee S, Noh J W, et al. Rheological and sintering behaviors of nanostructured molybdenum powder[J]. International Journal of Refractory Metals & Hard Materials, 2013, 41 (3): 442-448.

[45] Wang R, Xie Z M, Wang Y K, et al. Fabrication and characterization of nanocrystalline ODS-W via a dissolution-precipitation process[J]. International Journal of Refractory Metals and Hard Materials, 2019, 80: 104-113.

[46] Ren C, Koopman M, Fang Z Z, et al. A study on the sintering of ultrafine grained tungsten with Ti-based additives[J]. International Journal of Refractory Metals and Hard Materials, 2017, 65: 2-8

[47] Kecskes L J, Cho K C, Dowding R J, et al. Grain size engineering of bcc refractory metals: Top-down and bottom-up-Application to tungsten[J]. Materials Science and Engineering: A, 2007, 467(1-2): 33-43.

[48] Valiev R Z, Islamgaliev R K, Alexandrov I V. Bulk nanostructured materials from severe plastic deformation[J]. Progress in Materials Science, 2000, 45(2): 103-189.

[49] Wei Q, Zhang H T, Schuster B E, et al. Microstructure and mechanical properties of super-strong nanocrystalline tungsten processed by high-pressure torsion[J]. Acta Materialia, 2006, 54(15): 4079-4089.

[50] Dang J, Zhang G H, Chou K C. Study on kinetics of hydrogen reduction of $MoO_2$[J]. International Journal of Refractory Metals and Hard Materials, 2013, 41: 356-362.

[51] Dang J, Zhang G H, Chou K C, et al. Kinetics and mechanism of hydrogen reduction of $MoO_3$ to $MoO_2$[J]. International Journal of Refractory Metals and Hard Materials, 2013, 41: 216-223.

[52] Bolitschek J, Luidold S, O'Sullivan M. A study of the impact of reduction conditions on molybdenum morphology[J]. International Journal of Refractory Metals and Hard Materials, 2018, 71: 325-329.

[53] Ohser-Wiedemann R, Martin U, Seifert H J, et al. Densification behaviour of pure molybdenum powder by spark plasma sintering[J]. International Journal of Refractory Metals and Hard Materials, 2010, 28(4): 550-557.

[54] Yang X, Tan H, Lin N, et al. Effects of the lanthanum content on the microstructure and properties of the molybdenum alloy[J]. International Journal of Refractory Metals and Hard Materials, 2016, 61: 179-184.

[55] Schulmeyer W V, Ortner H M. Mechanisms of the hydrogen reduction of molybdenum oxides[J]. International Journal of Refractory Metals and Hard Materials, 2002, 20(4): 261-269.

[56] 赵虎, 杨秦莉, 庄飞, 等. 纯钼烧结规律研究[J]. 中国钼业, 2011, 35(6): 53-56.

[57] German R M. Thermodynamics of Sintering[M]//Sintering of Advanced Materials. Philadelphia: Woodhead Publishing, 2010: 3-32.

[58] Johnson J L. Sintering of Refractory Metals[M]//Sintering of Advanced Materials. Philadelphia: Woodhead Publishing, 2010: 356-388.

[59] Fang Z Z, Wang H. Sintering of ultrafine and nanosized particles[M]//Sintering of Advanced Materials. Philadelphia: Woodhead Publishing, 2010: 434-473.

[60] Fang Z Z, Wang X, Ryu T, et al. Synthesis, sintering, and mechanical properties of nanocrystalline cemented tungsten carbide—A review[J]. International Journal of Refractory Metals and Hard Materials, 2009, 27(2): 288-299.

[61] Kim G S, Lee Y J, Kim D G, et al. Consolidation behavior of Mo powder fabricated from milled Mo oxide by hydrogen-reduction[J]. Journal of Alloys and Compounds, 2008, 454(1-2): 327-330.

[62] Kim G S, Kim H G, Kim D G, et al. Densification behavior of Mo nanopowders prepared by mechanochemical processing[J]. Journal of Alloys and Compounds, 2009, 469(1-2): 401-405.

[63] Wang H T, Fang Z Z. Kinetic analysis of densification behavior of nano-sized tungsten powder[J]. Journal of the American Ceramic Society, 2012, 95(8): 2458-2464.

[64] 桑野寿, 刘光跃. 用球磨法制造纳米级钼粉[J]. 钨钼材料, 1995, 3: 7-10.

[65] Saghafi M, Heshmati-Manesh S, Ataie A, et al. Synthesis of nanocrystalline molybdenum by hydrogen reduction of mechanically activated $MoO_3$[J]. International Journal of Refractory Metals and Hard Materials, 2012, 30(1): 128-132.

[66] Liu B, Gu H, Chen Q. Preparation of nanosized Mo powder by microwave plasma chemical vapor deposition method[J]. Materials Chemistry and Physics, 1999, 59(3): 204-209.

[67] Shibata K, Tsuchida K, Kato A. Preparation of ultrafine molybdenum powder by vapour phase reaction of the $MoO_3$-$H_2$ system[J]. Journal of the Less Common Metals, 1990, 157(1): L5-L10.

[68] Wang L, Zhang G H, Chou K C. Synthesis of nanocrystalline molybdenum powder by hydrogen reduction of industrial grade $MoO_3$[J]. International Journal of Refractory Metals and Hard Materials, 2016, 59: 100-104.

[69] Lamprey H, Ripley R L. Ultrafine tungsten and molybdenum powders[J]. Journal of the Electrochemical Society, 1962, 109(8): 713-716.

[70] Nersisyan H H, Lee J H, Won C W. The synthesis of nanostructured molybdenum under self-propagating high-temperature synthesis mode[J]. Materials Chemistry and Physics, 2005, 89(2-3): 283-288.

[71] Hoseinpur A, Bafghi M S, Khaki J V, et al. A mechanistic study on the production of nanosized Mo in microwave assisted combustive reduction of $MoO_3$ by Zn[J]. International Journal of Refractory Metals and Hard Materials, 2015, 50: 191-196.

[72] Davtyan D, Manukyan K, Mnatsakanyan R, et al. Reduction of $MoO_3$ by Zn: Reducer migration phenomena[J]. International Journal of Refractory Metals and Hard Materials, 2010, 28: 601-604.

[73] Aydinyan S V, Gumruyan Z, Manukyan K V, et al. Self-sustaining reduction of $MoO_3$ by the Mg-C mixture[J]. Materials Science and Engineering B, 2010, 172(3): 267-271.

[74] Huang Z, Liu J, Deng X, et al. Low temperature molten salt preparation of molybdenum nanoparticles[J]. International Journal of Refractory Metals and Hard Materials, 2016, 54: 315-321.

[75] Saghafi M, Ataie A, Heshmati-Manesh S. Effects of mechanical activation of $MoO_3$/C powder mixture in the processing of nano-crystalline molybdenum[J]. International Journal of Refractory Metals and Hard Materials, 2011, 29: 419-423.

[76] 林宇霖, 陈同云, 黄宪法, 等. 碳还原三氧化钼制取金属钼[J]. 中国钼业, 2012, 36, 43-45.

[77] Wang D H, Sun G D, Zhang G H. Preparation of ultrafine Mo powders via carbothermic pre-reduction of molybdenum oxide and deep reduction by hydrogen[J]. International Journal of Refractory Metals and Hard Materials, 2018, 75: 70-77.

[78] Wang D H, Zhang G H, Chou K C. A new route to produce submicron Mo powders via carbothermal pre-reduction followed by deep magnesium reduction[J]. Journal of Metal, 2018, 70(11): 2561-2566.

[79] 李在元, 宫泮伟, 翟玉春, 等. 封闭循环氢气还原法制备纳米钼粉[J]. 稀有金属, 2004, 28, 627-630.

[80] Jiang W, Yatsui K. Pulsed wire discharge for nanosize powder synthesis[J]. IEEE Transactions on Plasma Science, 1998, 26: 1498-1501.

[81] Tepper F. Electro-explosion of wire produces nanosize metals[J]. Metal Powder Report, 1998, 6: 31-33.

[82] 赵鹏, 王跃峰, 李晶, 等. $MoO_3$ 纳米纤维的制备及其氢气还原特性研究[J]. 稀有金属材料与工程, 2009, 38, 1818-1821.

[83] 林小芹, 贺跃辉, 王政伟, 等. 钼粉的制备技术及其发展[J]. 粉末冶金材料科学与工程, 2003, 8(2): 128-133.

[84] 陈敏, 郝俊杰, 覃慧敏. 均匀沉淀法制备超细钼粉[J]. 粉末冶金工业, 2009, (2): 1-4.

# 2 熔盐颗粒辅助氢气还原氧化物制备超细钼粉

超细钼粉的制备是超细晶钼材及其合金生产的首要工艺过程，目前制备超细钼粉的方法有很多，但最成熟的工业制备方法依然是氢气还原氧化钼法。因此，研究基于传统的氢气还原工艺制备超细钼粉具有十分重要的意义。

钼的粒度和形貌主要取决于氢气还原 $MoO_2$ 的阶段。许多研究者[1-5]尝试通过调节各种参数研究对钼颗粒的形态和尺寸的影响，如氢气的还原温度、露点、分压和流速等。但是，通过改变这些因素难以实现对钼的形核、生长、粒度和形貌的调控。对于制备超细颗粒，粒度调控的一个关键问题就是实现对形核和生长过程的控制。在液相中利用种子生长法制备纳米颗粒的过程中，常通过调整晶核的数量和形貌来调控最终制备颗粒的粒度和形貌[6-10]。而在氢气还原 $MoO_2$ 的过程中，由于气相水合物 $MoO_2(OH)_2$ 的生成，钼可通过化学气相传输（CVT）的方式生长[3,11-15]。因此，通过调控生成的钼晶核的数量和其分散性有望实现对最终钼粉粒度的调控。

熔盐颗粒合成法（MSS）被广泛用于制备具有可控形状和尺寸的纳米和微米颗粒[16-18]。其原理是采用一种或数种低熔点的盐颗粒作为反应介质，反应物在熔盐颗粒中有一定的溶解度，以使反应可以通过熔盐颗粒快速进行。反应结束后，采用合适的溶剂将盐颗粒溶解，经过滤、洗涤后即可得到产物。由于使用低熔点盐颗粒作为反应介质，故合成过程中有液相出现。与传统熔盐颗粒法不同的是，通过极少量盐颗粒喷淋氧化钼，在氢气还原 $MoO_2$ 的过程中将形成大量分散的钼晶核，从而实现对还原过程中钼颗粒的形核和生长的调控以制备超细钼粉。本章对超细盐颗粒辅助氢气还原 $MoO_2$ 的制备方法进行了分析，并列举了碳酸盐颗粒（$Li_2CO_3$、$Na_2CO_3$ 和 $K_2CO_3$）和氯盐颗粒（NaCl、KCl、$CaCl_2$ 和 $MgCl_2$）辅助氢气还原 $MoO_2$ 的特点。将少量盐颗粒溶液通过喷雾法雾化成细小的液滴均匀喷入 $MoO_2$ 中，其中细小液滴经过水蒸发之后可以成功在 $MoO_2$ 中引入大量分散的纳米盐颗粒，从而在氢气还原 $MoO_2$ 的过程中调控钼颗粒的形核、生长及最终的粒度和形貌。

## 2.1 $R_2CO_3$（R=Li、Na、K）对氢气还原 $MoO_2$ 制备钼粉的影响

### 2.1.1 实验方法

原料 $MoO_2$ 粉由 600℃氢气还原 $MoO_3$ 得到。如图 2-1 所示为原料的 X 射线衍射（XRD）图，从中可以看出，所有的峰都显示为 $MoO_2$。如图 2-2 所示为原料的场发射扫描电子显微镜（FE-SEM）图像，从中可以清楚地看到粉末的形貌为片状。

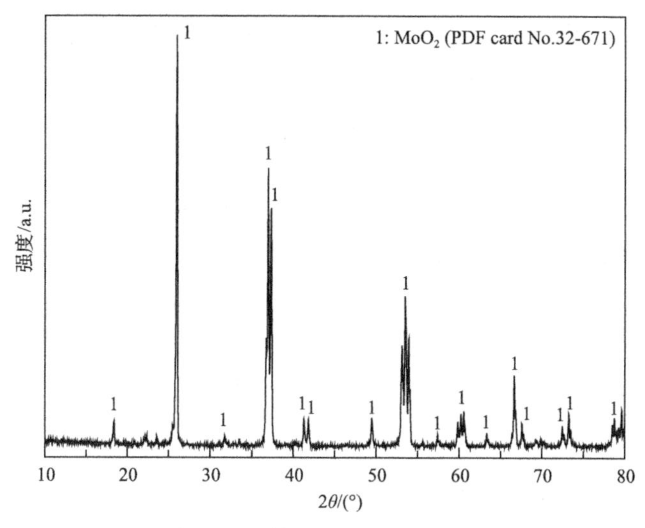


图 2-1 原料 $MoO_2$ 的 XRD 图谱

(a) (b)

图 2-2 原料 $MoO_2$ 的 FE-SEM 图

该方法使用试剂级 $Li_2CO_3$、$Na_2CO_3$ 和 $K_2CO_3$ 作为添加剂，通过溶液喷雾法均匀加入纯 $MoO_2$ 粉末中，分别制备了 $MoO_2$-0.1% $Li_2CO_3$、$MoO_2$-0.1% $Na_2CO_3$ 和 $MoO_2$-0.1% $K_2CO_3$ 的混合粉末(质量分数)。混合粉体经 100℃干燥后的微观形貌如图 2-3 所示。从图 2-3 可以明显看出，混合样品仍保持与原料 $MoO_2$ 相同的片状形貌(图 2-2)。

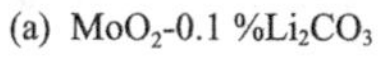

(a) $MoO_2$-0.1 %$Li_2CO_3$ (b) $MoO_2$-0.1 %$Na_2CO_3$ (c) $MoO_2$-0.1 %$K_2CO_3$

图 2-3 添加不同添加剂的 $MoO_2$ 混合粉末的 FE-SEM 图

为进一步研究添加剂种类对氢气还原 $MoO_2$ 过程的影响机理，分别向 $MoO_2$ 中添加质量分数为 20%的 $Li_2CO_3$、$Na_2CO_3$ 和 $K_2CO_3$。但由于添加剂在水中溶解度的限制，溶液喷雾法并不适用。因此，经过准确称量后直接将 $MoO_2$ 和不同种类的 $R_2CO_3$ 在玛瑙研钵中均匀研磨 30min。

为了连续测量还原过程的失重率，使用热分析系统对反应过程进行研究，其原理图如图 2-4 所示。在每次实验时，称量约 100mg 纯 $MoO_2$ 或含有不同添加剂的 $MoO_2$，将其置于内径为 7mm、高度为 7mm 的氧化铝坩埚“3”中。通入氩气将空气排空后，在氩气气氛下从室温加热到所需的还原温度（780℃、880℃、980℃和 1080℃），升温速率为 10℃/min。当炉子达到目标温度并保持一段时间稳定后，再将氩气换成氢气，开始进行还原反应。当样品重量保持 1h 不变时，将氢气再次切换成氩气，使反应产物冷却到室温。

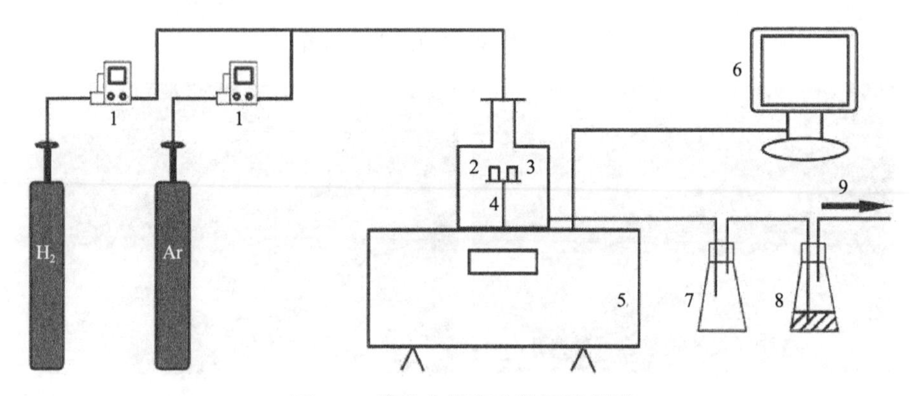


图 2-4　热重分析实验装置示意图

1. 气体流量计；2. 校准氧化铝坩埚；3. 实验氧化铝坩埚；4. 样品架和热电偶；5. HCT-2 TG 分析仪；6. 数据采集器；7. 烧杯 A；8. 烧杯 B；9. 废气

在所有热重实验中，氢气流速始终保持恒定值为 60mL/min，气体流速由气体流量控制器“1”控制。用 XRD 测定还原产物的物相组成；用 FE-SEM 观察还原产物的形貌；用 BET 方法对所得金属钼粉的表面积进行测量。

### 2.1.2　实验结果

#### 2.1.2.1　XRD 分析

图 2-5 显示了纯 $MoO_2$ 及 $MoO_2$-0.1% $Li_2CO_3$、$MoO_2$-0.1% $Na_2CO_3$ 和 $MoO_2$-0.1% $K_2CO_3$ 在四种不同温度（780℃、880℃、980℃和 1080℃）下氢气还原产物的 XRD 图。从图中可以清楚地看到，纯 $MoO_2$ 和混合粉体都被完全还原成金属钼。

由于添加剂的含量很少，并未检测到添加剂的衍射峰。

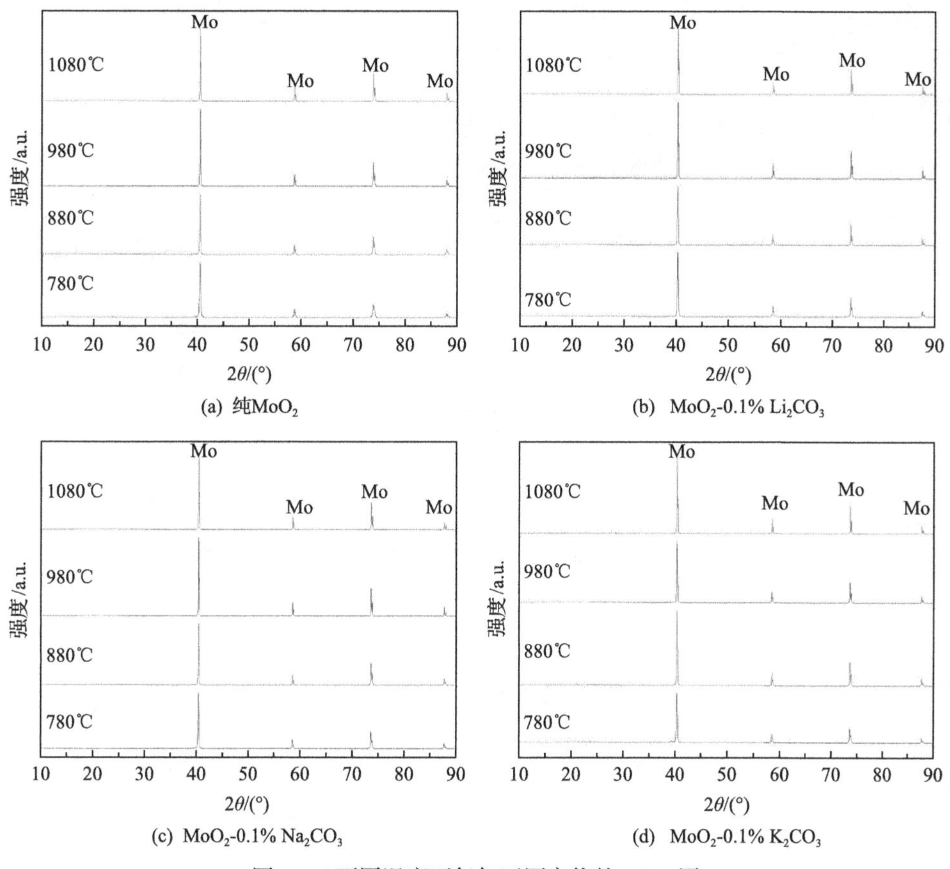

(a) 纯$MoO_2$　(b) $MoO_2$-0.1% $Li_2CO_3$

(c) $MoO_2$-0.1% $Na_2CO_3$　(d) $MoO_2$-0.1% $K_2CO_3$

图 2-5　不同温度下氢气还原产物的 XRD 图

#### 2.1.2.2　产物形貌分析

1）温度的影响

从图 2-6 中可以看出，在不同温度下氢气还原得到的金属钼粉仍然保持着类似 $MoO_2$ 的片状形貌。但是，与原来的 $MoO_2$ 相比，可以看到更多的裂纹，这是在脱氧过程中因体积减小而产生的拉应力引起的[2,3,19-20]。从图 2-6（a）和图 2-6（b）可以看出，在大的片状颗粒边缘有许多细小的球形钼颗粒沉积。但随着还原温度的升高，这种球形晶粒的数量减少（图 2-6（c）和图 2-6（d））。随着温度的进一步升高，由于还原过程中发生的烧结行为，几乎所有的球形晶粒消失，片状颗粒的边缘变得光滑（图 2-6（e）和图 2-6（f））。当温度达到 1080℃时，可以进一步观察到烧结现象（图 2-6（g）和图 2-6（h）），其中片状形貌的颗粒变得更光滑，更容易看到

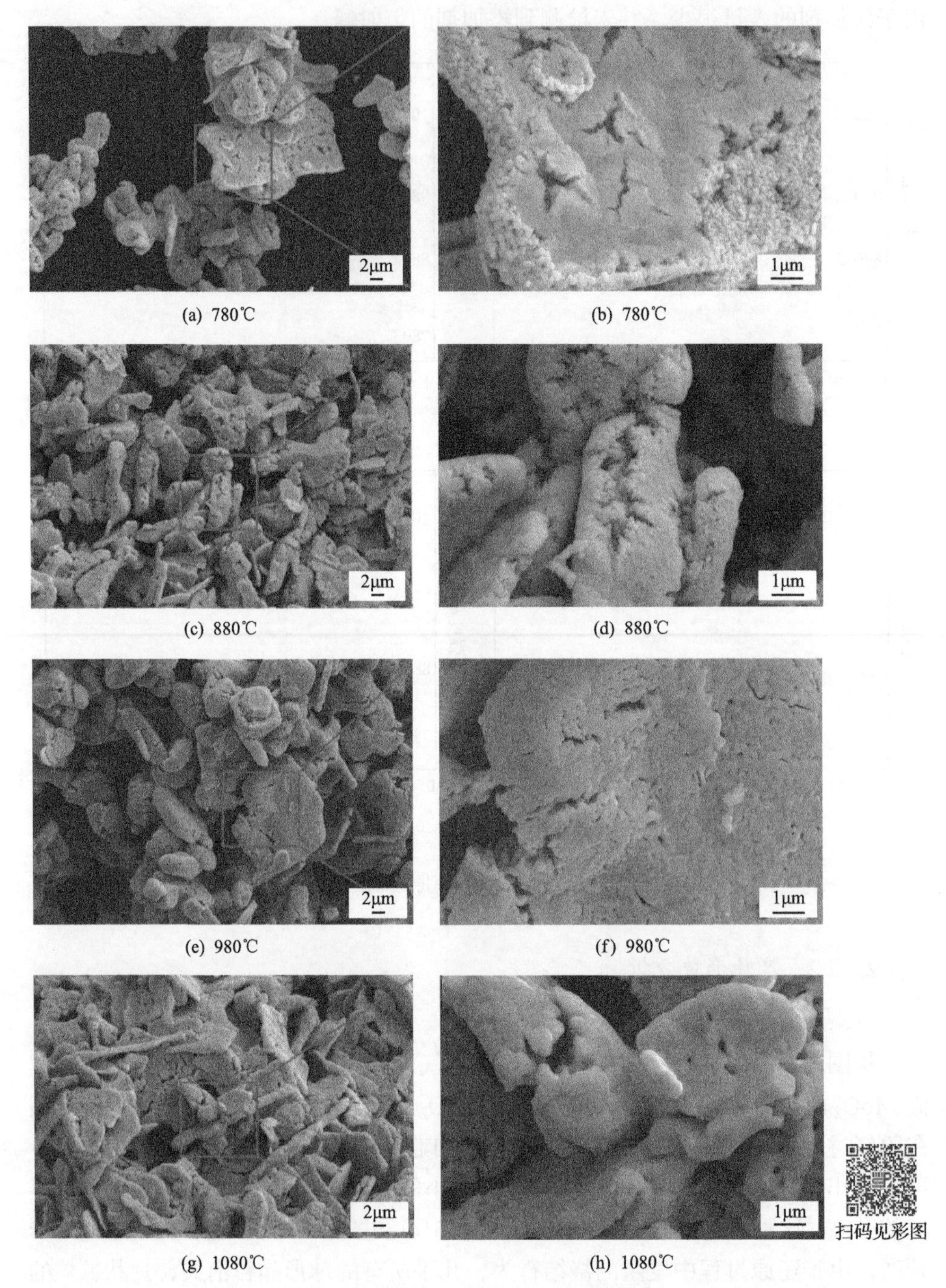


图 2-6 氢气还原纯 $MoO_2$ 制备的钼粉

颗粒之间的边界。光滑表面的形成是由于原子在高温下具有更高的迁移率，很容易扩散到系统的低能状态[21]。

图 2-7 显示了在不同温度下氢气还原添加 0.1% $Li_2CO_3$ 的 $MoO_2$ 制备的金属钼粉的微观形貌。从图 2-7(a)和图 2-7(b)中可以清楚地看到，产物的总体形貌仍保持片状，但也可以看到产物都是由大量细小、均匀的球形晶粒组成。当反应温度进一步升高到 880℃时，晶粒尺寸变大，而颗粒的整体形貌仍然没有改变(图 2-7(c)和图 2-7(d))。当温度达到 980℃时，晶粒继续长大，同时出现了壳层结构(图 2-7(e)和图 2-7(f))。随后，进一步将反应温度提高到 1080℃，由于晶粒已经开始烧结在一起，颗粒变得比低温下大得多(图 2-7(g)和图 2-7(h))。晶粒尺寸的增大是由于随着温度的升高，产物的生长速率增大。同样，当添加剂为 $Na_2CO_3$ 和 $K_2CO_3$ 时，所制备的金属钼粉在低温下也保持了与原料 $MoO_2$ 相同的片状形貌，表面有较多的小晶粒。随着温度的升高，小晶粒逐渐长大，团聚现象更加严重，如图 2-8 和图 2-9 所示，类似于添加 $Li_2CO_3$ 的情况。因此，通过图 2-6～图 2-9 可知，在 $MoO_2$ 中添加少量添加剂对还原产物的形貌具有重要影响。

需要指出的是，粉体的颗粒和晶粒是两个不同的概念，对于单晶体，颗粒和晶粒是统一的，但是对于多晶的颗粒来说，二者是不同的。根据图 2-7～图 2-9 的结果可知，盐颗粒的加入是促进晶粒长大的，但是由于提高了其分散度，故使得颗粒的粒径变小。

(a) 780℃ (b) 780℃

(c) 880℃ (d) 880℃

图 2-7　氢气还原添加 0.1% $Li_2CO_3$ 的 $MoO_2$ 制备的钼粉

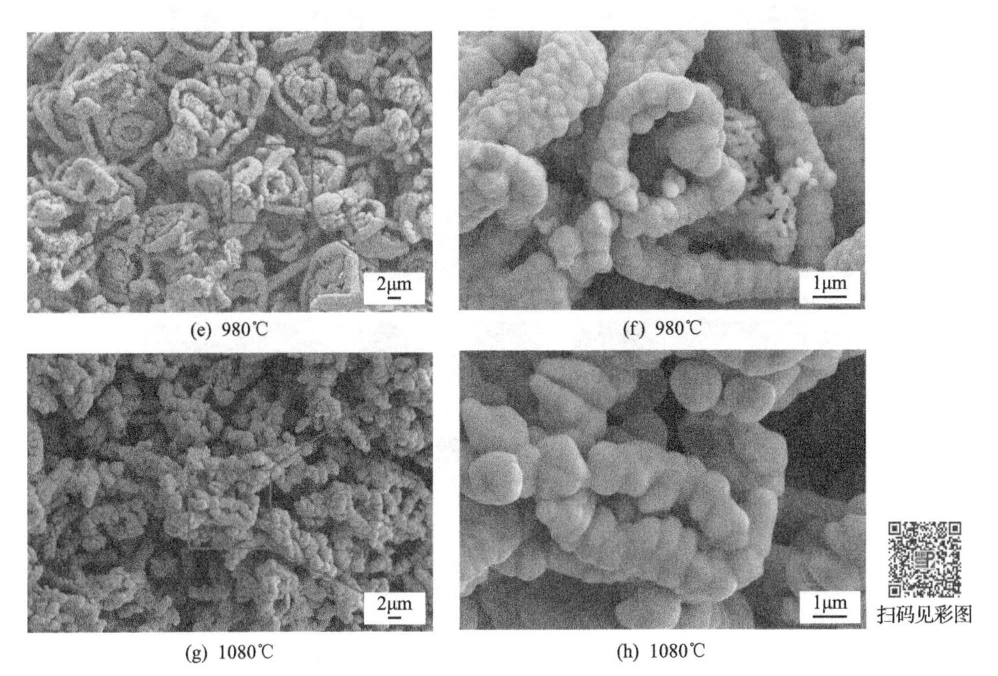


(e) 980℃　　(f) 980℃

(g) 1080℃　　(h) 1080℃

图 2-8　氢气还原添加 0.1% $Na_2CO_3$ 的 $MoO_2$ 制备的钼粉

(a) 780℃　　(b) 780℃

(c) 880℃　　(d) 880℃

(e) 980℃　　(f) 980℃

(g) 1080℃　　(h) 1080℃

图 2-9　氢气还原添加 0.1% $K_2CO_3$ 的 $MoO_2$ 制备的钼粉

2)添加剂种类的影响

本书研究了在 1080℃下不同添加剂对所制备钼粉形貌的影响。结果显示还原纯 $MoO_2$ 粉末制备的金属钼粉的形貌除具有较高的孔隙率外，仍然保持原料的片状形貌和尺寸(由于是小样品薄料层的热重实验，故反应过程产生的水汽容易被带离料层，故化学气相迁移机理较弱)。然而，当在 $MoO_2$ 中加入少量添加剂后，所制备金属钼粉的形貌有了很大的变化(图 2-10)。如图 2-10(b)～图 2-10(d)所示，当添加剂为 $Li_2CO_3$ 时，钼颗粒均匀地团聚在一起；当添加剂为 $Na_2CO_3$ 时，得到的钼颗粒仍然是很小的球形，每个小的钼颗粒连接成链状；通过添加少量 $K_2CO_3$ 得到的钼粉的形貌与 $Li_2CO_3$ 和 $Na_2CO_3$ 非常相似。整体与图 2-10(a)相比，添加少量添加剂得到的钼颗粒的尺寸明显减小(约 1μm)，形貌接近球形或椭圆形。但是，所得到的钼粉具有一定的烧结行为和团聚现象。对 1080℃下制备的不同样品进行 BET 表面积分析，如表 2-1 所示。还原纯 $MoO_2$ 时，所制备的金属钼粉的比表面积为 5.973$m^2$/g，而添加少量添加剂时，表面积略有下降。这是由于加入盐颗粒以后，虽然粉体颗粒的粒径减小，但是晶粒大幅度长大，产物由原来表面具有较高孔隙率和裂纹的粗颗粒转变为分散度较好、结晶完美的大单晶细颗粒，故比表面积减小。

(a) 纯$MoO_2$ (b) 0.1% $Li_2CO_3$

(c) 0.1% $Na_2CO_3$ (d) 0.1% $K_2CO_3$

图 2-10 1080℃还原纯 $MoO_2$ 及含有不同添加剂的 $MoO_2$ 制备的钼粉

**表 2-1 1080℃加入不同添加剂时所制备的钼粉的 BET 表面积**

| 添加剂 | $Li_2CO_3$ | $Na_2CO_3$ | $K_2CO_3$ | 纯 $MoO_2$ |
|---|---|---|---|---|
| 表面积/($m^2$/g) | 2.736 | 2.945 | 3.571 | 5.973 |

### 2.1.3 反应动力学

如前文所述，添加少量添加剂制备的钼粉的形貌与还原纯 $MoO_2$ 有很大的不同。为了进一步研究添加剂对还原过程的影响，对其反应动力学进行分析，相应的曲线如图 2-11 所示。从图 2-11(a)和图 2-11(b)可以清楚地看到，加入添加剂的 $MoO_2$ 混合粉体的还原动力学曲线均低于还原纯 $MoO_2$ 的动力学曲线。另外，在较低(780℃)和较高(1080℃)温度下，加入少量 $K_2CO_3$ 的反应速率略高于添加 $Li_2CO_3$ 的反应速率，但与添加 $Na_2CO_3$ 的反应速率几乎相同。图 2-11(c)和图 2-11(d)分别给出了纯 $MoO_2$ 和 $MoO_2$-0.1% $Na_2CO_3$ 混合粉体在 4 种不同反应温度下的还原动力学曲线。由此可见，提高还原温度有利于提高还原速率，反应程度与反应时间呈明显的线性关系。因此可以推断，最可能的速率控制步骤是界面化学反应。

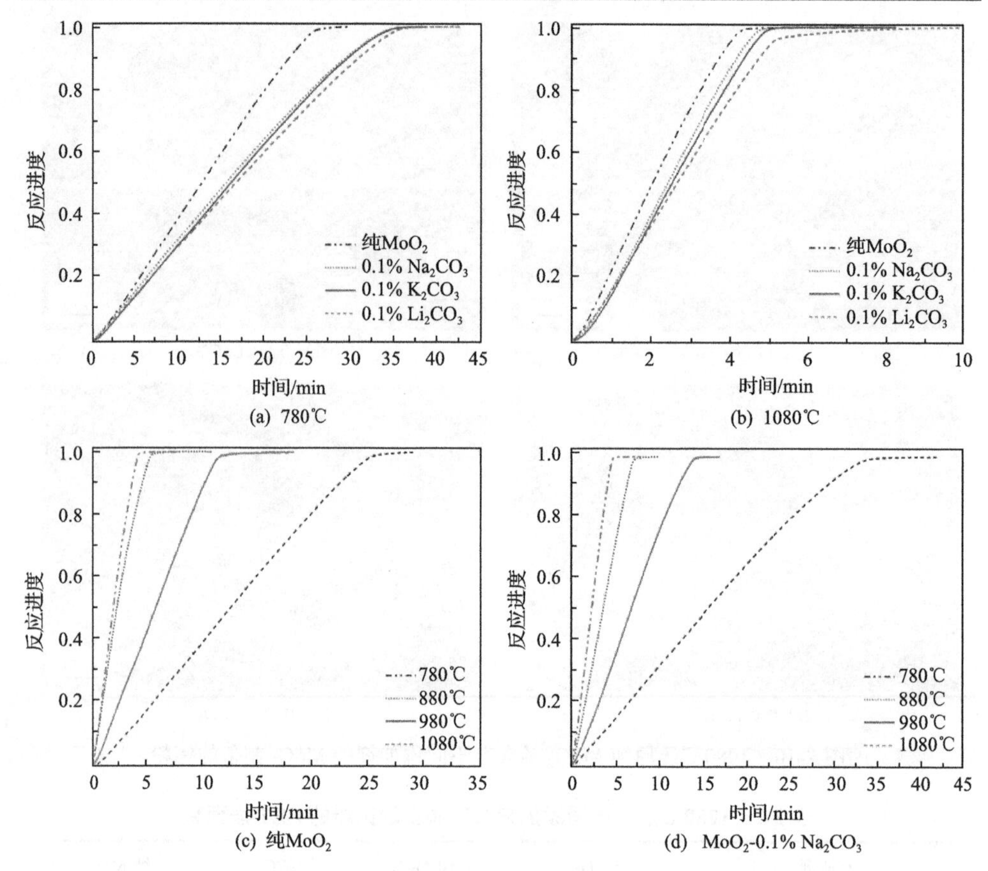


图 2-11　纯 $MoO_2$ 及其混合粉体在不同条件下的还原动力学曲线

### 2.1.4　讨论

#### 2.1.4.1　反应机理

用氢气还原纯 $MoO_2$ 时，制备的金属钼粉体仍保持原来的片状形貌。这说明，在当前的实验条件下，$MoO_2$ 的还原遵循假晶转变机理。在还原过程中，单位时间内生成水蒸气的量很小，化学气相迁移作用相对较弱。更重要的是，由于料层较薄，反应产生的水蒸气易被氢气流迅速带走，这进一步减弱了化学气相迁移的作用[19,22]。加入少量添加剂后，钼粉的微观形貌发生了明显的变化，产生了大量细小、均匀的球形晶粒，出现壳层结构。这可能是由于 $MoO_2$ 颗粒表面被添加剂覆盖，从而显著改变了还原反应中的形核和生长过程。

碱金属碳酸盐也被广泛用作其他反应的添加剂，如焦炭气化反应[23]，在此过程中，碱金属吸附在碳原子上，作为转移氧原子的中介，可以提高气化反应速率。然而，通过用 $CO/CO_2$ 混合气体还原添加不同 $Na_2O$ 含量的 $Fe_2O_3$ 压块，发现 $Na_2O$

延缓了 $Fe_2O_3$ 的还原进程[24]。影响还原动力学过程的主要因素有两个：一种是 $5Na_2O$-$8Fe_2O_3$ 相的形成，它改变了氧的活性并抑制了还原反应；另一种是形成了液相，它填充了孔隙并抑制了气体在孔隙中的扩散。在本研究中，同样发现添加剂 $R_2CO_3$(R=Li、Na、K)的加入延缓了反应动力学。其可能的解释为：在纯 $MoO_2$ 中加入添加剂后，反应过程中会形成与 $Li_2CO_3$、$Na_2CO_3$ 和 $K_2CO_3$ 添加剂相对应的复合氧化物。$MoO_2$ 和 $R_2CO_3$(R=Li、Na、K)之间的反应可以证明这一点，其产物的 XRD 图如图 2-12 所示。这些产物可能在 $MoO_2$ 颗粒表面形成壳层结构，阻止了氢气从 $MoO_2$ 表面向内部的扩散。但是加入碱金属碳酸盐以后，虽然颗粒的粒径变小，但是晶粒尺寸变大，所以添加剂的存在促使了晶粒长大。

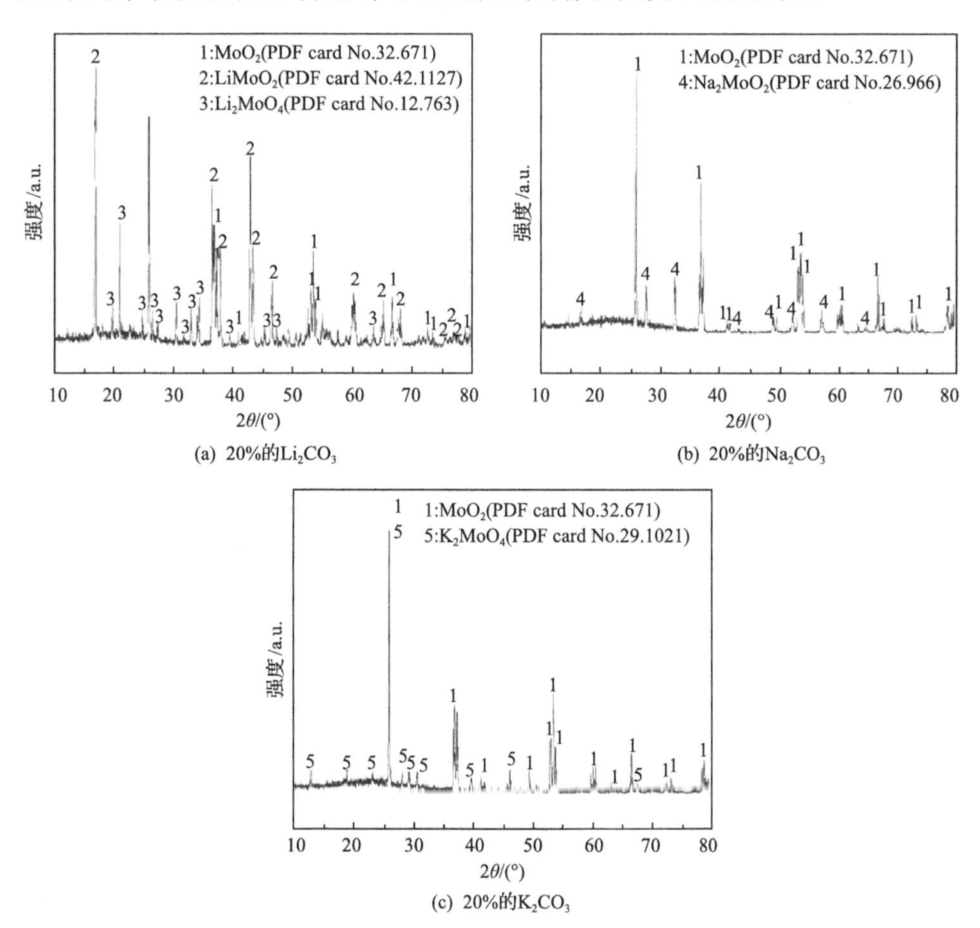


图 2-12 $MoO_2$ 与不同添加剂的混合物在 780℃反应后的 XRD 图

#### 2.1.4.2 反应动力学

如前文所述，在不同的反应温度和添加剂条件下，由于所用实验原料 $MoO_2$

为片状形貌，反应程度与反应时间呈明显的线性关系，这表明反应速率的控制步骤可能是界面化学反应[19-21,25]。界面化学反应控制反应速率时的动力学模型式(2-1)将用于拟合实验数据，即

$$\alpha = kt \tag{2-1}$$

式中，$\alpha$ 为反应程度；$t$ 为反应时间；$k$ 为速率常数，其与温度的关系由 Arrhenius 方程(式(2-2))描述，即

$$k = A\exp\left(-\frac{\Delta E}{RT}\right) \tag{2-2}$$

式中，$A$ 为指数前因子，$\mathrm{min}^{-1}$；$\Delta E$ 为活化能，J/mol；$R$ 为气体常数，8.314J/(mol·K)；$T$ 为绝对温度，K。

用式(2-1)拟合氢气还原 $MoO_2$-0.1% $Na_2CO_3$ 粉体的动力学结果，拟合效果如图 2-13 所示。从图 2-13 中可以清楚地看出，该模型能够很好地描述实验结果，直线的斜率对应了反应速率常数 $k$，其值随温度的升高而增加。对于其他原料(纯 $MoO_2$、$MoO_2$-0.1% $Li_2CO_3$ 和 $MoO_2$-0.1% $K_2CO_3$)，界面化学反应模型式(2-1)也同样能很好地拟合实验结果，这进一步证实了还原过程受界面化学反应控制。

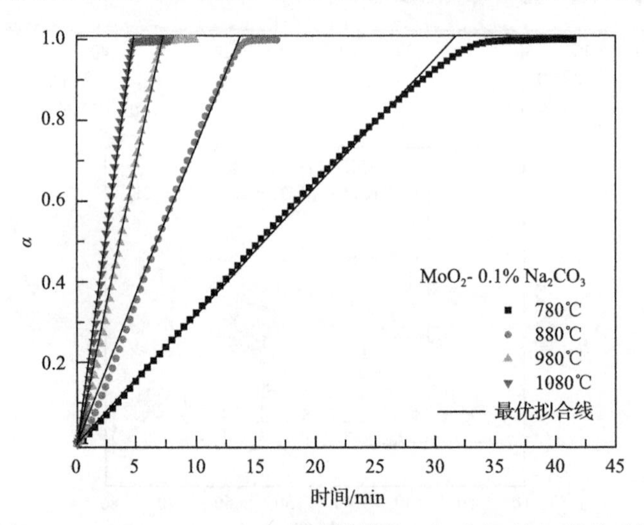


图 2-13　$MoO_2$-0.1% $Na_2CO_3$ 混合粉体的 $\alpha$ 与反应时间 $t$ 的关系图

根据 Arrhenius 公式(2-2)，可得到公式(2-3)，即

$$\ln k = -\frac{\Delta E}{R}\frac{1}{T} + \ln A \tag{2-3}$$

根据式(2-3)和在不同温度下得到的速率常数，可以计算相应的反应活化能，如图 2-14 所示。当使用纯 $MoO_2$ 还原时，活化能为 73.1165kJ/mol，而在 $MoO_2$ 粉体中加入少量添加剂($Li_2CO_3$、$Na_2CO_3$ 和 $K_2CO_3$)后，活化能略有增加(添加 $Li_2CO_3$、$Na_2CO_3$ 和 $K_2CO_3$ 的粉末分别为 74.8463kJ/mol、76.7285kJ/mol、76.3524kJ/mol)，这可能是由于添加剂阻碍了反应气体氢气和产物气体水蒸气的扩散，从而导致还原速率相对较低。

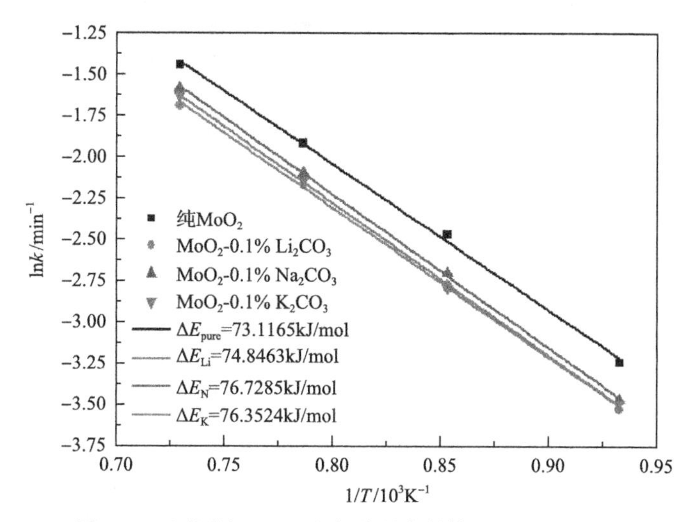


图 2-14　还原纯 $MoO_2$ 和各种混合粉体的 Arrhenius 图

## 2.2　$RCl_n$(R=Na、K、Ca、Mg)对氢气还原 $MoO_2$ 制备钼粉的影响

### 2.2.1　实验方法

在本研究中，同样采用盐颗粒溶液喷雾法向 $MoO_2$ 中引入分散的盐颗粒。首先，将 NaCl、KCl、$CaCl_2$ 及 $MgCl_2$ 分别溶于去离子水中，配成溶液，然后用雾化器向 $MoO_2$ 中均匀混入质量分数分别为 0.1%、0.5%、2%或 10%的盐颗粒，然后放入烘箱，在 100℃时干燥 6h。雾化器可以将盐颗粒溶液雾化为大量超细液滴并均匀分散地附着在 $MoO_2$ 颗粒的表面，在干燥过程中，液滴里的水逐渐蒸发并析出盐颗粒。图 2-15 为喷雾法掺入 0.5% NaCl 颗粒后的 $MoO_2$ 的 FE-SEM 照片。从中可以看出，相比于掺杂之前的光滑表面，掺杂后的 $MoO_2$ 颗粒表面出现了大量分散的细小盐颗粒。

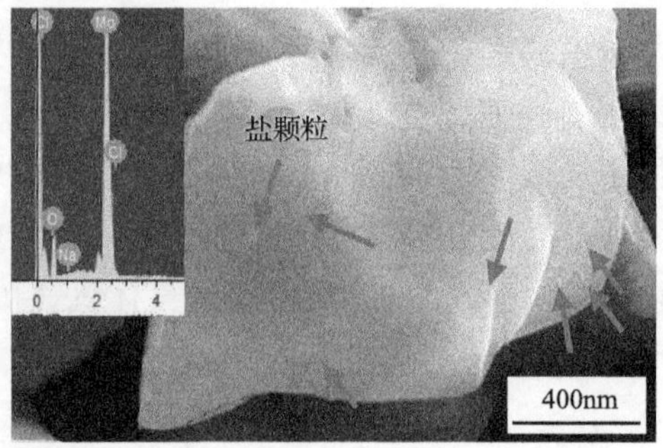


图 2-15 采用喷雾法掺入 0.5% NaCl 颗粒的 $MoO_2$

采用恒温氢气还原法制备钼粉，实验装置图如图 2-16 所示。在每次实验中，将约 2g 的样品置于氧化铝坩埚中，在氩气气氛(氩气纯度 99.999%)保护下将装有样品和坩埚的石英管放入已升至指定温度(805℃、900℃和 1000℃)的电阻炉中。当温度稳定后，将氩气切换为氢气(300mL/min，氢气纯度为 99.999%)开始还原实验。反应 40min 后，将气体切换回氩气，并将样品冷却至室温。采用 XRD、FE-SEM 和透射电子显微镜(TEM)分析产物的物相组成、形貌和粒度。

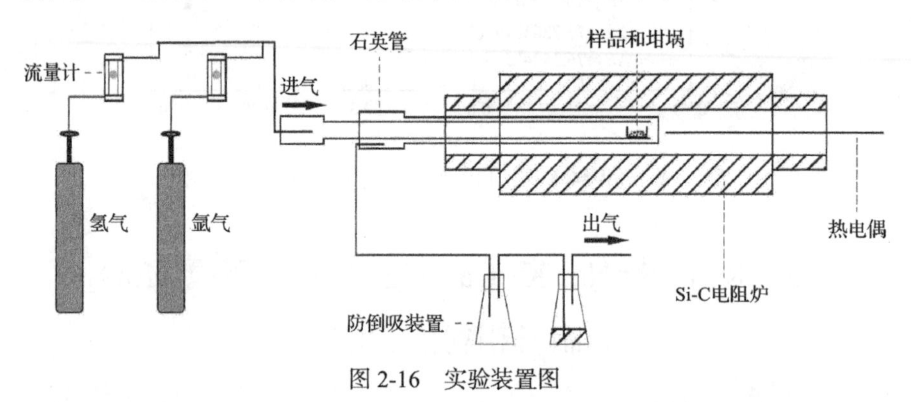


图 2-16 实验装置图

### 2.2.2 实验结果

2.2.2.1 失重和物相分析

氢气还原 $MoO_2$ 的总反应见式(2-4)，其理论失重率为 25%。大多数样品在不同温度下氢气还原 40min 后都达到了理论失重率(25%)。但是，只有在 805℃时氢气还原含 0.5% $MgCl_2$ 或 0.5% $CaCl_2$ 的 $MoO_2$ 时，失重率仅为 23.48%和 18.12%，表明反应没有进行完全。图 2-17 和图 2-18 为在不同温度下氢气还原添加不同盐颗粒的 $MoO_2$ 产物的 XRD 图。从图中可以看出，大多数实验 $MoO_2$ 都能被还原为钼，而且还原出的钼具有较好的结晶性。仅在 805℃且含有 0.5% $MgCl_2$ 或 0.5% $CaCl_2$ 的样品中存在少量 $MoO_2$ 的衍射峰，其中含 0.5% $CaCl_2$ 的样品剩余的 $MoO_2$

较多，这与其失重结果一致。因此，相比于添加 NaCl 或 KCl，添加相同质量分数的 $MgCl_2$ 或 $CaCl_2$ 对氢气还原 $MoO_2$ 有更明显的阻碍作用。由于添加剂（NaCl、KCl、$CaCl_2$ 或 $MgCl_2$）的含量较少，因此未检测到其衍射峰。

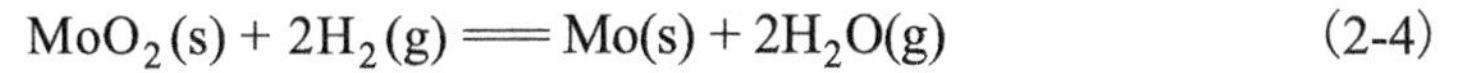

$$MoO_2(s) + 2H_2(g) = Mo(s) + 2H_2O(g) \quad (2\text{-}4)$$

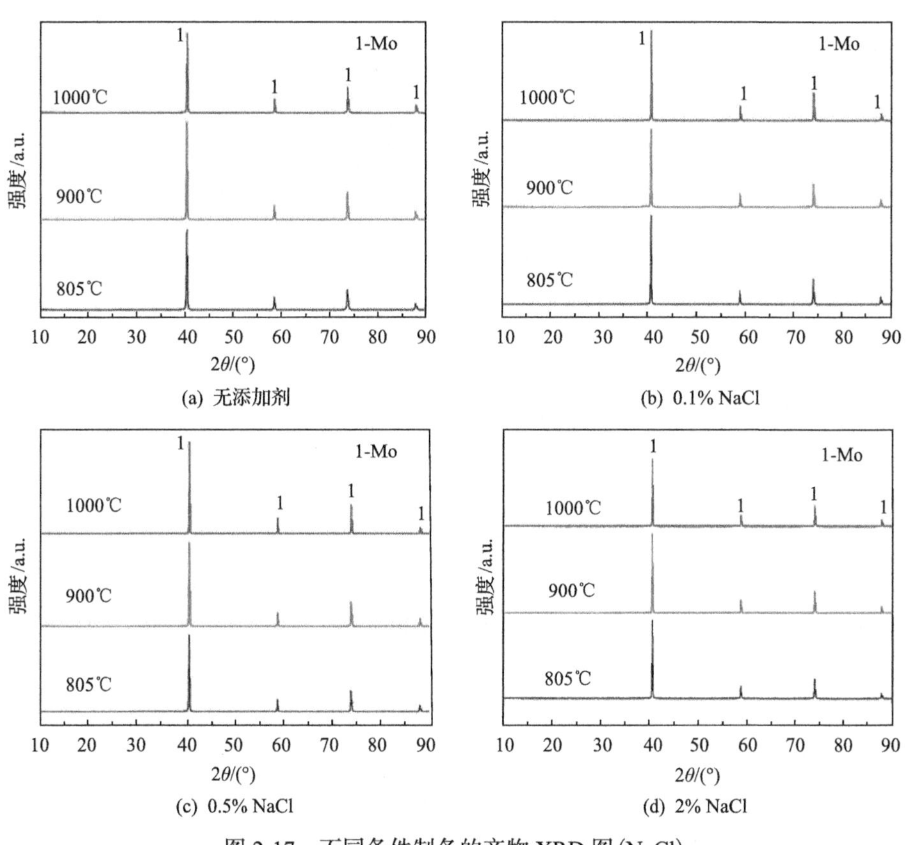


(a) 无添加剂　(b) 0.1% NaCl

(c) 0.5% NaCl　(d) 2% NaCl

图 2-17　不同条件制备的产物 XRD 图（NaCl）

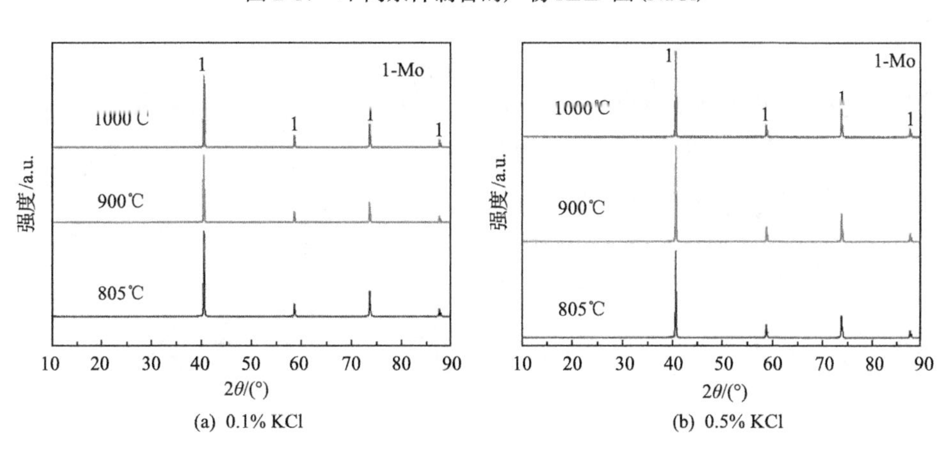


(a) 0.1% KCl　(b) 0.5% KCl

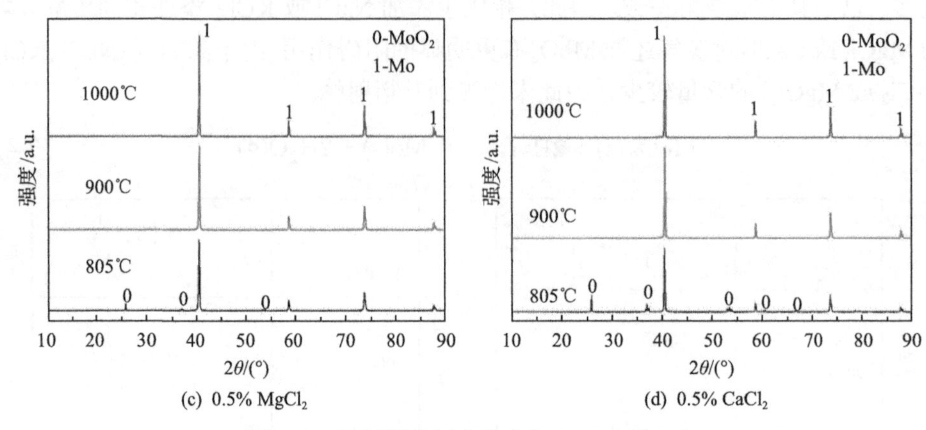


图 2-18　不同条件制备的产物 XRD 图(KCl)

2.2.2.2　形貌和粒度分析

1) 氢气还原不含添加剂的 $MoO_2$

为了进行对比分析，选择以氢气还原不添加盐颗粒的纯 $MoO_2$ 的产物作为空白参考。XRD 和失重结果已表明，在不同的还原温度下，所有 $MoO_2$ 都被还原成了钼。从不同温度下制备钼粉的 FE-SEM 图(图 2-19)可以清楚地看到，在三个温度下的产物都基本保持原料 $MoO_2$ 的形貌和粒度。因此，氢气还原纯 $MoO_2$ 无法实现对钼产物的粒度和形貌的调控，进而不能制备出超细钼粉。在 805℃时，颗粒的整体形貌和粒度几乎与原始 $MoO_2$ 颗粒保持一致，只是在颗粒上出现了一些裂缝，这是由氧去除后体积减小引起的拉应力造成的[11]。当还原温度为 900℃时，如图 2-19(b)左和图 2-19(b)右所示，产物颗粒变得圆润，但是依然没有分散的小颗粒生成。如图 2-19(c)左和图 2-19(c)右所示，当继续升高温度到 1000℃时，颗粒变得更加圆润和光滑，且颗粒上出现许多小孔。由此说明，氢气还原商业氧化钼无法生成大量分散的钼颗粒，同时也无法减小颗粒粒度。

(a) 805℃

(b) 900℃

(c) 1000℃

图 2-19　不同温度下氢气还原不掺杂 $MoO_2$ 产物的 FE-SEM 照片

2) NaCl 辅助氢气还原 $MoO_2$

如图 2-20 所示为在不同温度下用 0.1% NaCl 辅助氢气还原 $MoO_2$ 制备的钼产物。从图 2-20(a1)和图 2-20(a2)可以看到，在 805℃下原始的微米级 $MoO_2$ 大颗粒被细化为近球形的平均粒度约为 150nm 的细小颗粒。随着反应温度进一步升高到 900℃，如图 2-20(b)左和图 2-20(b)右所示，钼颗粒的数量减少且平均粒度增加至约 300nm，但是颗粒的分散性更好。当温度继续升至 1000℃时，如图 2-20(c)左和图 2-20(c)右所示，制备出的钼晶粒具有近似完美的球形形貌和均匀的粒度，

(a) 805℃

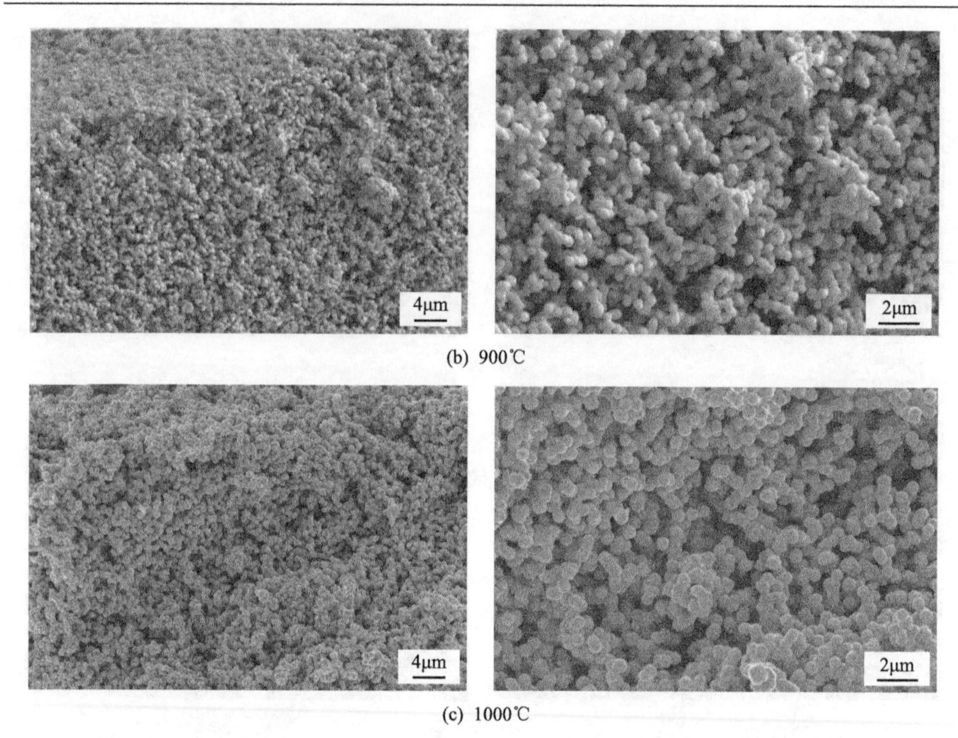


(b) 900℃

(c) 1000℃

图 2-20　不同温度下氢气还原掺 0.1% NaCl 的 $MoO_2$ 产物的 FE-SEM 照片

尺寸约为 500nm。所以，添加 0.1% NaCl 对最终生成的钼的粒度和形貌有非常显著的影响，成功实现了对钼粉粒度和形貌的调控并制备出了平均粒度 150～500nm 的近球形钼颗粒。与前文所述相似，盐颗粒的添加减小了颗粒粒度，但是对于产物的晶粒来说，粒径变大，分散性变好。也就是说盐颗粒的加入促进了晶粒长大，并改善了其分散性。

为了进一步了解添加 NaCl 的量对钼粉末粒度和形貌的影响，进行了添加 0.5%、2%和 10%的 NaCl 的研究，其产物的微观形貌如图 2-21～图 2-23 所示。从图中可以看出，当 NaCl 添加量增加到 0.5%时，在 805℃时产物的粒度与 0.1% NaCl 时相近。而当温度增加至 900℃和 1000℃时，产物的粒度相比于 0.1% NaCl 时略微地增加，平均粒度分别约为 400nm 和 700nm。值得注意的是，产物的形貌具有非常明显的多面体形状，其中一种典型的形貌是十二面体，其不同于 0.1% NaCl 时的近球形形貌。当添加的 NaCl 增加至 2%时，这些多面体形状更加明显，相比于添加 0.1%和 0.5% NaCl 的情况，添加 2% NaCl 时制备的钼粉末的颗粒更大且粒径分布不均匀，在 1000℃下，其粒径可达到 1500nm(图 2-23(c))。当添加的 NaCl 增加至 10%时，钼的粒度显著增加至约 5000nm，这说明随着 NaCl 含量的增加，产物钼的形貌从球形变为多面体形状(图 2-23(d))。在添加 0.1% NaCl 时，制备出了平均粒度从 150～500nm 的近球形钼粉。在添加 0.5% NaCl

的情况下，可以获得具有多面体形状和均匀尺寸的钼粉，而当添加 NaCl 的量上升至 2%时，尺寸分布变得不均匀。因此，盐颗粒辅助氢气还原 $MoO_2$ 的合适添加量应小于 0.5%。

(a) 805℃

(b) 900℃

(c) 1000℃

图 2-21 不同温度下氢气还原掺 0.5% NaCl 的 $MoO_2$ 产物的 FE-SEM 照片

(a) 805℃

(b) 900℃

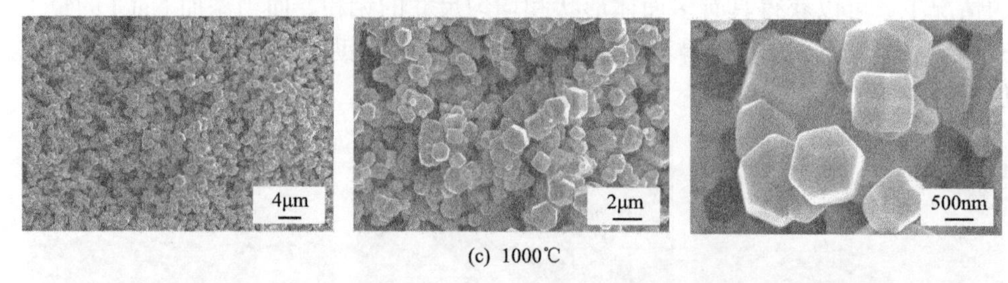


(c) 1000℃

图 2-22　不同温度下氢气还原掺 2% NaCl 的 $MoO_2$ 产物的 FE-SEM 照片

(a) 0.1% NaCl　(b) 0.5% NaCl　(c) 2% NaCl　(d) 10% NaCl

图 2-23　在 1000℃氢气还原掺不同含量 NaCl 的 $MoO_2$ 产物的 FE-SEM 照片

通过 TEM 对最终制备的钼产物进行进一步的分析，结果如图 2-24 所示。从图 2-24(a)可以看出，在 805℃时，添加 0.1% NaCl 制备的钼颗粒具有近似球形的形状和接近 100nm 的粒度，这与电镜的结果非常接近。此外，单个钼颗粒的电子衍射(SAED)图如图 2-24(a)右所示，从中可以看到，制备出的钼颗粒为单晶颗粒。当温度升至 900℃和 1000℃时，如图 2-24(b)和图 2-24(c)所示，球形钼单晶颗粒的平均尺寸分别约为 250nm(900℃)和 500nm(1000℃)。图 2-24(d)是含 0.5% NaCl 的 $MoO_2$ 在 805℃用氢气还原制备的钼粉的 TEM 照片，从中可以看到制备的钼单晶具有明显的多面体形貌。

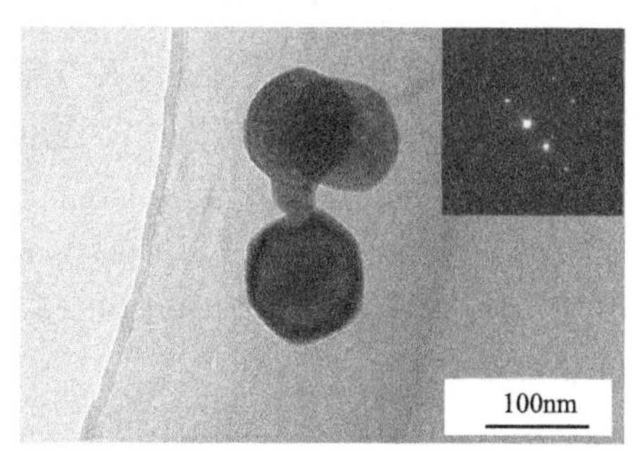


(a) 0.1% NaCl-805℃

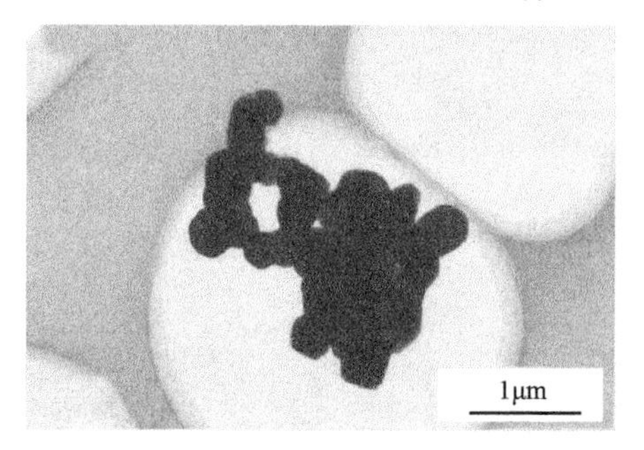

(b) 0.1% NaCl-900℃

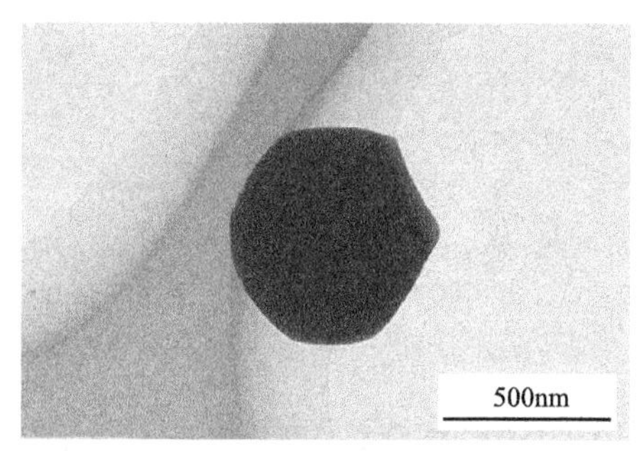


(c) 0.1% NaCl-1000℃

(d) 0.5% NaCl-805℃

图 2-24 氢气还原掺 NaCl 的 $MoO_2$ 产物的 TEM 照片

3) KCl 辅助氢气还原 $MoO_2$

图 2-25 是添加 0.1%和 0.5% KCl 辅助氢气还原 $MoO_2$ 制备的钼粉的 FE-SEM 照片。当加入 KCl 的量为 0.1%时，产物的粒度和形貌类似于添加 0.1% NaCl 时的，其中钼颗粒也具有近球形的形状(图 2-25(a)～图 2-25(c))。当添加 KCl 的量上升至 0.5%时，生成了具有比添加 0.1% KCl 更大尺寸的多面体形状的钼单晶颗粒(图 2-25(d)～图 2-25(f))。因此，KCl 对所产生的钼晶体的形状和尺寸的影响与 NaCl 非常相似。

(a) 0.1% KCl-805℃ (b) 0.1% KCl-900℃ (c) 0.1% KCl-1000℃ (d) 0.5% KCl-805℃ (e) 0.5% KCl-900℃ (f) 0.5% KCl-1000℃

图 2-25 不同条件所制备产物的 FE-SEM 照片

4) $MgCl_2$ 和 $CaCl_2$ 辅助氢气还原 $MoO_2$

图 2-26 是含 0.5% $MgCl_2$ 或 0.5% $CaCl_2$ 的 $MoO_2$ 在不同温度下辅助氢气还原产物的 FE-SEM 照片。当添加 0.5% $MgCl_2$ 时，在 805℃下制备的产物保持了初始 $MoO_2$ 的整体形貌，但是，每个大颗粒由许多细小的晶粒组成，平均尺寸为几十纳米(图 2-26(a))。当温度升至 900℃时，部分产物仍然保持整体形态，而其中的小晶粒生长至约 150nm，分散性明显变好(图 2-26(b))。在 1000℃时，晶粒尺寸显著地增加至约 600nm，如图 2-26(c)所示。对于添加 0.5% $CaCl_2$ 的情况，其形貌和粒度与添加 0.5% $MgCl_2$ 的情况相似。在 805℃时，还能看到遗传自 $MoO_2$ 的整体形貌，其也是由没有分散开的纳米小晶粒组成(图 2-26(d))。从失重和 XRD 结果分析得知，在 805℃时，产物中还有一部分 $MoO_2$ 没有反应完全。而当反应温度为 900℃时，产物全为钼，分散均匀且平均粒度约为 150nm。当温度继续升

高至 1000℃时，钼颗粒的粒度增加至约 600nm。

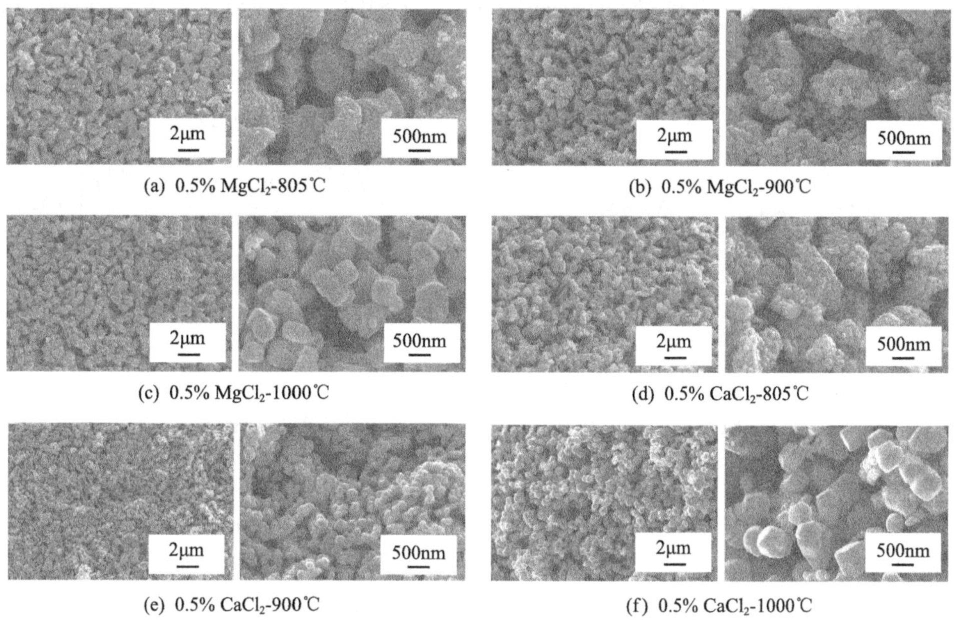


(a) 0.5% $MgCl_2$-805℃　(b) 0.5% $MgCl_2$-900℃

(c) 0.5% $MgCl_2$-1000℃　(d) 0.5% $CaCl_2$-805℃

(e) 0.5% $CaCl_2$-900℃　(f) 0.5% $CaCl_2$-1000℃

图 2-26　不同条件所制备产物的 FE-SEM 照片

### 2.2.3 讨论

在氢气还原 $MoO_2$ 的过程中，少量的盐颗粒添加剂可以显著改变生成的钼颗粒的粒度和形貌。通过调整添加剂的种类、添加量及还原温度可以制备具有不同形貌和粒径的超细钼颗粒。本章节将对氢气还原 $MoO_2$ 过程中钼的形核和生长机理，以及盐颗粒对氢气还原 $MoO_2$ 过程中钼的形核、生长和形貌的影响进行了分析。

Schulmeyer 和 Ortner[3]研究了 1100℃下 $MoO_2$ 在极低和较高水蒸气分压条件下的氢气还原机理，并提出了两种不同的反应机理：假晶转变机理和化学气相传输机理，并认为反应机理主要取决于氢气中水蒸气的浓度。在极低的水蒸气分压(浓度)下，氢气还原 $MoO_2$ 的产物将保持原始 $MoO_2$ 的形貌和粒度，称为遵循假晶转换机理，而当水蒸气的分压较高时，钼在 $MoO_2$ 基体外形核和生长，制备的钼颗粒的形貌和粒度不同于原始的 $MoO_2$，这种情况遵循化学气相传输机理。这两种机理常被用于分析氢气还原 $MoO_2$ 的还原产物的形貌[1-3,11]。许多学者研究了在水蒸气存在下钼及其氧化物的化学迁移(挥发)过程，发现 $MoO_2$ 可以与水蒸气反应生成钼的气相水合物($MoO_2(OH)_2$)，使钼能够以气相的形式迁移[3, 12-15]，如反应式(2-5)所示[12, 15]。其中方程式(2-6)是反应式(2-5)的吉布斯自由能的变化公式。根据式(2-6)，$MoO_2(OH)_2$ 的平衡分压可以由式(2-7)表示。根据式(2-7)，在氢气气氛中，对于给定的温度，$MoO_2(OH)_2$ 的分压取决于水蒸气的浓度。因此，当水蒸气浓度较低时，产生的 $MoO_2(OH)_2$ 可被氢气还原为钼，如反应式(2-8)所示。所以，气相迁移机理是基于 $MoO_2(OH)_2$ 产生的，其受到局部水蒸气浓度的显著影响[1, 3, 12]。

$$MoO_2(s) + 2H_2O(g) = MoO_2(OH)_2(g) + H_2(g) \tag{2-5}$$

$$\Delta_r G_{(\text{反应式(2-5)})} = \Delta_r G^{\ominus}_{(\text{反应式(2-5)})} + RT\ln\left(\frac{(P_{H_2}/P^{\ominus})\cdot(P_{MoO_2(OH)_2}/P^{\ominus})}{(P_{H_2O}/P^{\ominus})^2}\right) \tag{2-6}$$

$$p_{MoO_2(OH)_2} = e^{\frac{-\Delta_r G^{\ominus}_{(\text{反应式(2-5)})}}{RT}} \cdot \frac{(P_{H_2O}/P^{\ominus})^2}{P_{H_2}/P^{\ominus}} \tag{2-7}$$

$$MoO_2(OH)_2(g) + 3H_2(g) = Mo(s) + 4H_2O(g) \tag{2-8}$$

在我们以前的工作中[1, 27]，研究了在 950℃时氢气露点对还原 $MoO_2$ 生成的钼的形貌和粒度的影响。发现在低露点下(低水蒸气浓度)，所生成的钼颗粒仍保持 $MoO_2$ 的形貌和粒度。然而，随着水蒸气浓度的增加，钼颗粒开始变得光滑。直到氢气露点约为 60℃，才出现钼分散形核和生长的现象(化学气相传输现象)，但是形核数量较少，产物的粒度依然为微米级。对于干氢气还原 $MoO_2$ 的情况，当温度升高至 1120℃时，出现明显分散形核的现象(化学气相传输现象)，但由于形成的钼颗粒的数量较少，最终制备的钼粉粒度约为 2μm。

在高温(＞1120℃)的条件下，钼可以在 $MoO_2$ 的基体外形核和生长。这是因为，在如此高的温度下，$MoO_2$ 与氢气的反应速率较快，因此当 $MoO_2$ 和氢气之间的反应开始后，在 $MoO_2$ 表面附近消耗氢气(反应式(2-4))并产生水蒸气，这导致很高的水蒸气分压和低的氢气分压。然后，生成的水蒸气可以与 $MoO_2$ 反应生成 $MoO_2(OH)_2$(反应式(2-5))，其可以实现钼源的迁移。然后，$MoO_2(OH)_2$ 在浓度梯度的驱动下迁移到水蒸气和 $MoO_2(OH)_2$ 分压相对较低的区域(氢气高分压)，并被还原为钼(反应式(2-8))。从而可以在 $MoO_2$ 基体的外表面周围生成新的不同于基体的钼颗粒，并通过化学气相传输方式生长。最终，制备的钼颗粒的形貌和粒度完全不同于原始的 $MoO_2$[1, 22]。

从以上分析可知，在较高的温度或水蒸气浓度下，生成的钼晶核(颗粒)的数量非常少，进而导致少量的核心经由化学气相传输方式生长形成较大的钼颗粒。根据经典的形核理论[26-28]，在液相或气相中，当颗粒的粒度小于其稳定存在的临界半径时，颗粒是不能稳定存在的，并且具有重新溶解至溶液或气体体系中的趋势。此外，颗粒的粒径越小，表面原子的比例越高，这导致其反应活性越高且稳定性越弱，极易被重新氧化[29]。因此，在氢气还原过程中生成的尺寸小于其临界半径的钼颗粒将会与水蒸气反应重新溶解到气相中。据报道，当水蒸气的浓度较高时，在氢气还原 $WO_2$ 的过程中钨难以形核，导致形核数量非常少[30-31]。鉴于钨与钼的相似性，因此，钨与钼的临界半径和形核速率主要受氢气中水蒸气浓度的影响。当氢气中水蒸气的浓度比较高时，钼颗粒稳定存在的临界半径也会很大，很难生成稳定的钼晶核，因此形核的数量会非常少。另外，体系中一旦存在稳定的晶核，原子将更容易沉积在这些稳定的晶核上而不是重新形核[26,27]。而且，溶液或气体系统中的颗粒具有通过减少颗粒数量和增加颗粒尺寸来降低整个体系的自由能[28]。根据 Oswald 熟化理论[32]，较小的颗粒倾向于溶解并重新沉积在较大的颗粒上，从而导致钼颗粒数量的减少。因此，在较高的温度或水蒸气浓度下，无法生成大量的钼晶核，从而难以实现对粒度的细化调控。

在目前的研究中，在 805℃时，通过用干燥的氢气还原 $MoO_2$ 而获得的钼产物也保持了 $MoO_2$ 的粒度和形貌。在这种较低的温度下，由于反应速率较慢，产生水蒸气的速度也会相对较慢，并且部分产生的水可以通过氢气流被带走，这进一步降低了水蒸气浓度。在这种较低水蒸气浓度的情况下，可能会有一定量的气相水合物生成并存在小范围的气相迁移，但是达不到分散形核所需的浓度。因此，生成的气相中间产物被氢气还原后将会在 $MoO_2$ 的表面沉积并形成产物层。在 805℃时氢气还原 $MoO_2$ 的中间状态样品(反应进度为 0.36)中可看到钼产物基本附在未反应的 $MoO_2$ 上，并基本继承了原始的形貌(图 2-27)。由于 $MoO_2$ 的摩尔体积为 19.77$cm^3$/mol，而钼的摩尔体积仅为 9.41$cm^3$/mol，其还不到 $MoO_2$ 的一半[11]，因此 $MoO_2$ 被还原成钼时体积的显著减小将导致在颗粒上产生裂纹。最终，钼产物可以大致继承原始 $MoO_2$ 的形貌和粒度，如图 2-19(a)所示。然而，即使温度从 805℃升高到 1000℃，钼产物依然保持了 $MoO_2$ 的整体形貌和粒度，只是其形貌逐渐变得更加光滑和圆润且裂纹逐渐变为孔。可见，即使在 1000℃时，相对较高的水蒸气和气相水合物的浓度依然不能使钼颗粒分散形核和生长。但是，在更高的温度下，由于水蒸气和气相水合物的浓度较高，因此更多的气相传输相会参与到反应过程，如反应式(2-5)和反应式(2-8)。

图 2-27 805℃氢气还原 $MoO_2$ 的中间状态样品的 FE-SEM 照片(反应进度 $\alpha$=0.36)

### 2.2.4　盐颗粒辅助氢气还原 $MoO_2$ 形核和生长机理分析

在上面的分析中已知，在氢气还原 $MoO_2$ 的过程中会出现中间气相传输相($MoO_2(OH)_2$)，但是，氢气还原 $MoO_2$ 的过程中对钼的粒度调控的最大难题是要形成大量分散的钼晶核，而通过调控温度和水蒸气浓度均无法实现这一目标。

在添加少量盐颗粒后，成功实现了对钼粒度的调控，并制备出了粒度分布均匀且平均粒度接近纳米级的钼粉。但加入盐颗粒会降低 $MoO_2$ 还原的速率，例如，加入 0.5% $CaCl_2$ 的 $MoO_2$ 在 805℃下氢气还原还原 40min 后的失重率仅有 18%左右，而不加盐颗粒的却已经反应完全(失重率达到 25%)。加入盐颗粒之后，由于反应速度的下降，可能会使水蒸气的生成速度和浓度下降。因此，水蒸气的浓度变化(降低)应该不是加入盐颗粒后钼颗粒粒度显著变化的主要原因。

为近一步揭示盐颗粒对钼形核和生长的影响机理，本书分析了反应中间过程的样品。805℃时氢气还原含有 0.5% NaCl 的 $MoO_2$ 的反应进度为 0.35 时，$MoO_2$ 的外表面附近生成了大量分散的钼晶核(图 2-28(a))，能谱分析结果见图 2-28(b)，其显著不同于图 2-27 中的产物。相比于 805℃，在 900℃时，在相近的反应进度下钼晶核的粒度更大，而且随着反应进度的增加，钼晶核的粒度也逐渐增加

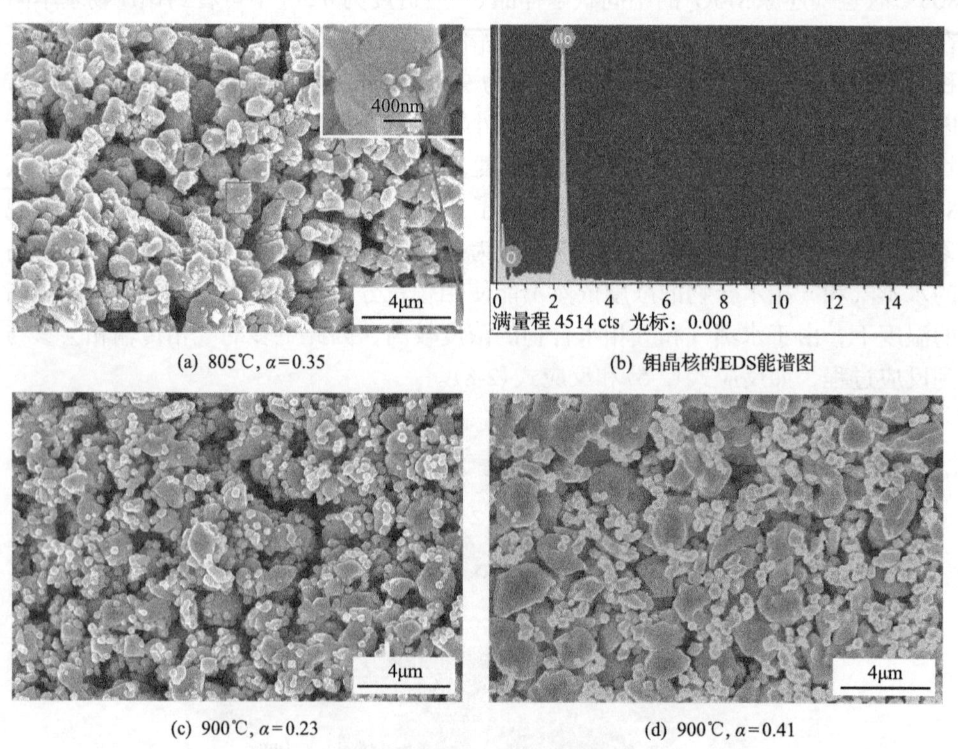


(a) 805℃, $\alpha=0.35$　　(b) 钼晶核的EDS能谱图

(c) 900℃, $\alpha=0.23$　　(d) 900℃, $\alpha=0.41$

图 2-28　氢气还原含 0.5% NaCl 的 $MoO_2$ 的中间产物的 FE-SEM 照片及 EDS 能谱图

$\alpha$ 为反应进度

(图 2-28(c)和图 2-28(d))。因此，加入少量的盐颗粒后，其分散附着在 $MoO_2$ 表面，在高温下融化，为形核提供了理想的场所(辅助形核)。在反应的初始阶段，由反应式(2-4)或式(2-8)产生的钼原子在熔盐颗粒的帮助下被吸附、富集和形核。然后，在每个分散的盐颗粒点上形成的钼晶核将通过还原气态钼化合物产生的钼原子的沉积而生长(化学气相传输生长)。因此，本章节调控钼粉粒度的机理可以表述为：熔盐颗粒辅助形成大量分散的钼晶核，然后这些钼晶核通过化学气相传输的方式进行生长。随着钼源不断通过气相传输($MoO_2(OH)_2$)从 $MoO_2$ 迁移到钼晶核，最终大颗粒的 $MoO_2$ 转化为大量细小且分散的钼晶粒。图 2-29 为其反应机理图，分别描述了不添加和添加盐颗粒两种情况的形核和生长机理。

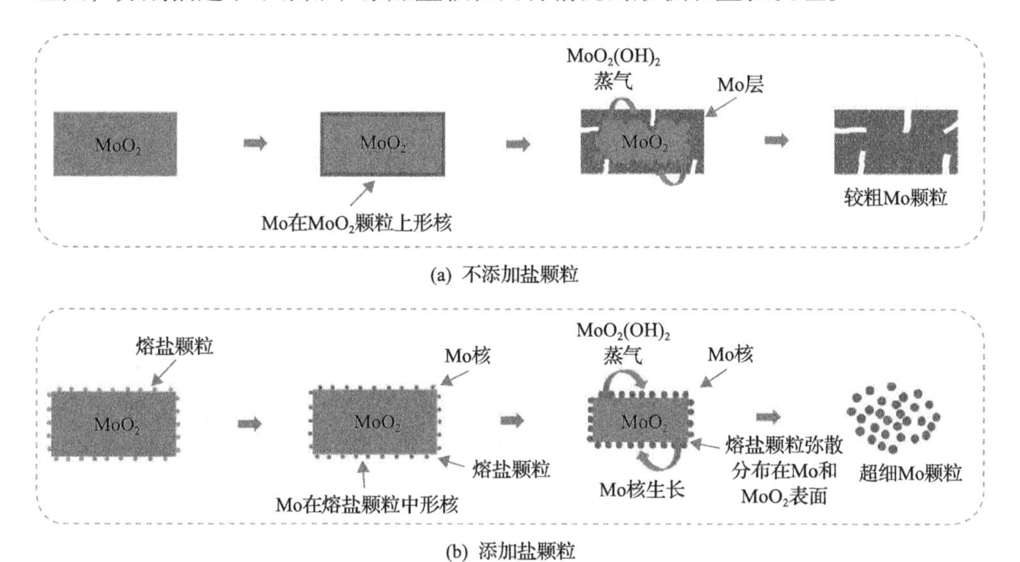


图 2-29　无添加剂和添加盐颗粒的反应机理示意图

盐颗粒的添加量、温度和盐颗粒的种类均会对氢气还原 $MoO_2$ 过程中钼的形核、生长和最终的粒度产生不同程度的影响。在相同的温度下，加入相同质量分数的盐颗粒，改变盐颗粒的种类对钼的粒度虽然有一定的影响，但是并没有特别显著的差异。对钼粉粒度影响较大的还是还原温度和盐颗粒的添加量。首先分析温度的影响，随着反应温度的提高，钼晶粒的粒度显著增加。在 2.2.3 节已经分析，当温度升高时，反应速度会增加，进而导致单位时间生成的水蒸气的浓度会增加。这会使钼晶核稳定存在的临界尺寸增加，更多小粒度的钼晶核可能会重新溶解到气相中，致使可以稳定存在的钼晶核减少。另外，根据 Oswald 的熟化理论[32]，较小的晶粒倾向于溶解并重新沉积到较大的颗粒上。此外，温度的升高也会促进相邻的小晶粒聚集生长(烧结)及盐颗粒的蒸发。因此，当温度升高时这些因素均会导致晶粒数量的减少和其粒度的增加。对于盐颗粒添加量的影响，从之前的研究结果发现，当盐颗粒的添加量从 0.1%增至 0.5%时，钼晶粒的平均尺寸增加的不显著。但是，当盐颗粒的添加量从 0.5%增至 2%再增至 10%时，钼晶粒的粒度增加得非常显著，且粒度分布变得不均匀。这主要因为当在相同表面积分布的盐颗粒的量较多时(如 2%和 10%)，其较高的分布密度会使在高温下相邻的盐颗粒融化后聚集到一起，导致盐颗粒分散点和形核点的数量减少，最终导致钼颗粒的数量减少。而且，当盐颗粒的量较多时其也会促进颗粒的烧结。此外，盐颗粒的添加量也会对钼的形貌有影响，这将在 2.2.5 节进行详细的分析和讨论。

### 2.2.5 形貌调控的机理分析

当添加盐颗粒的量为 0.1%时，制备出的钼粉颗粒为近球形形貌，而当添加盐颗粒的量增至 0.5%时，制备的钼粉颗粒则为多面体形貌。本节将详细讨论并分析其中的机理。

众所周知，在化学反应中，体系总是趋向于到达热力学最稳定的平衡状态。当系统处于平衡状态时，可以获得热力学稳定的产物。类似地，超细晶粒的形貌也具有向热力学最稳定形状演变的趋势。因此，系统总是具有降低其总表面能的趋势。例如，液滴和无定形颗粒最稳定的形状是球形，因为它具有最低的表面能。然而对于超细晶体，由于它们不同类型的晶面会具有不同的稳定性，所以可以根据各晶面的表面能差异评估其稳定的形状[27,33,34]。当晶体每个面的表面能都相同时，由于各个晶面的表面能没有差异，所以超细晶体的热力学最稳定形状是其表面能最低的状态，即球形。但是，当如果只有一种具有最低表面能的晶面时，则热力学最稳定的形状将由稳定类型的晶面组成，这导致其具有尖锐边缘和角的多面体形状[27]。而当各晶面的稳定性差异减少时，形状将从多面体逐渐变为球形。据报道，晶面的相对稳定性可以根据晶面的原子填充率(表面原子密度)评估[27]。例如，fcc 金属纳米晶体最稳定的晶面通常是(111)面，其具有最高的原子密度[34,35]。钼金属具有 bcc 晶体结构，其中(110)晶面是热力学最稳定的。据 Wang[34]报道，Mo 的(100)、(110)和(111)晶面的表面能分别为 3.661J/m$^2$、3.174J/m$^2$和 3.447J/m$^2$，其中(110)晶面的晶面能最低，因此它是最稳定的晶面。因此，钼纳米晶体的热力学最稳定形状应该是具有尖锐边缘的多面体。

然而，钼粉颗粒若要达到最稳定的形貌，除需要热力学驱动力外，还要克服动力学障碍。与可逆化学反应类似，在超细晶体的生长过程中，原子或分子可以沉积在晶核上，同时它们也可能重新溶解到溶液或气相中，然后再迁移到更稳定的晶面沉积。这种可逆性对于晶体达到热力学最稳定的状态和形貌是至关重要的[27]。然而，如果沉积是单向过程，那么均匀的沉积只会导致各向同性结构和球形形貌，在这种情况下，形状不能达到热力学最稳定的状态。当加入 0.1%的 NaCl 或 KCl 时，制备的钼颗粒为近球形。其中的原因可能是，由于盐颗粒的量较少，溶解沉积效果较弱，而大晶核的钼原子又难以从颗粒再溶解到气体中，导致钼原子在 Mo 晶核上的沉积是近似的单向过程。然而，当加入盐颗粒（NaCl、KCl、$MgCl_2$ 和 $CaCl_2$）的量为 0.5%时，制备出的钼晶体颗粒的形状为多面体。其中的机理可以解释如下，此时钼晶核周围的熔盐颗粒较多，可以使得沉积到钼晶核上的原子比较容易重新溶解到熔盐颗粒中并迁移到热力学更稳定的表面上，从而形成多面体形状。也就是说，足够的熔盐颗粒（0.5%）可以通过连续溶解和再沉积生长并加速表面原子的迁移来帮助超细晶体达到最小的能量状态。该机理也可以称为可逆的溶解-沉积过程，如图 2-30 所示[27]。因此，随着添加盐颗粒量的增加，钼的形状将从球形变为多面体。

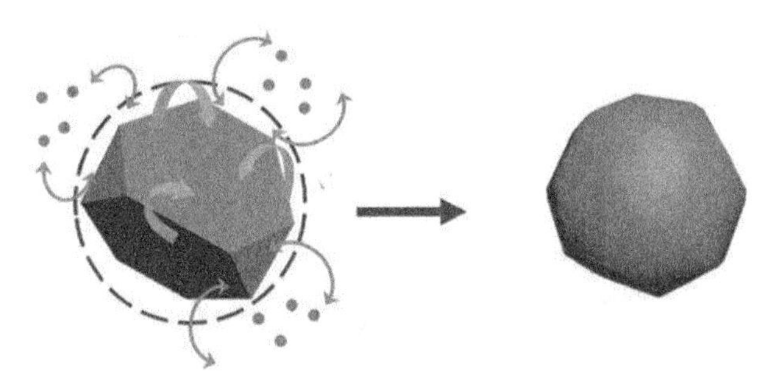

图 2-30 晶体颗粒通过动态（可逆）溶解-再沉积实现最低能量结构的示意图[27]

## 2.3 NaCl 辅助氢气还原不同粒度的 $MoO_2$

前面的章节阐述了分散的盐颗粒可以帮助钼在氢气还原 $MoO_2$ 的过程中分散形核，而且不同种类的盐颗粒具有相似的效果。这种基于氢气还原 $MoO_2$ 的“形核剂辅助生成钼晶核+化学气相传输生长”制备超细钼粉的方法具有较大的应用潜力。众所周知，NaCl 具有较高的稳定性，而且具备来源广、储量丰富、价格低等优点。虽然 2.2 节说明盐颗粒的种类、添加量（大于 0.1%的情况）和温度等因素的影响，并对其中的机理进行了详细的分析和讨论。但是，$MoO_2$ 的粒度、盐颗粒的添加量（小于 0.1%的情况）、还原温度和反应制度等因素对氢气还原 $MoO_2$ 的反应机理和动力学，以及制备的钼的粒度、形貌和分散性的影响尚不清楚。因此，本章节将进一步详细研究 $MoO_2$ 的粒径、NaCl 的量（0.01%～0.1%）和温度等因素对其的影响。

### 2.3.1 实验方法

采用三种不同粒度（平均粒径分别为 5μm、2μm、0.4μm）的 $MoO_2$ 为原料。1# 和 2#商业 $MoO_2$ 由氢气还原商业 $MoO_3$ 制备，3# $MoO_2$ 由炭黑还原商业 $MoO_3$ 制备。图 2-31(a)～图 2-31(c)分别是三种不同粒度 $MoO_2$ 的 FE-SEM 照片，从中可以看出它们具有相似的片状形貌($MoO_2$的典型形貌[1])，但具有显著不同的颗粒尺寸。三种 $MoO_2$ 的 XRD 分析如图 2-31(d)所示，仅检测到 $MoO_2$ 的衍射峰(PDF 32-671)。使用 NaCl(同 2.2 节)作为形核辅助剂，加入方式与前述相同。

(a) $MoO_2$(1#)　(b) $MoO_2$(2#)　(c) $MoO_2$(3#)　(d) 不同$MoO_2$的XRD图

图 2-31　原料的 FE-SEM 照片

首先，使用热分析仪获取氢气还原 $MoO_2$ 过程的失重曲线，在每次实验中，均使用约 100mg 的样品。对于氢气恒温还原 $MoO_2$，在氩气(60mL/min)的保护气氛下将样品以 20℃/min 的升温速率从室温加热至所需的还原温度。当温度升至所需温度并稳定后，将氩气切换为氢气(60mL/min)开始还原反应，反应结束后再将氢气切换回氩气并随炉降温。在非等温氢气还原实验中，样品在 60mL/min 氢气气流下从室温以 10℃/min、15℃/min 或 20℃/min 的不同加热速率进行加热至反应结束。采用 XRD 和 SEM 对样品的物相、形貌和粒度进行分析。用电感耦合等离子光谱仪(ICP-AES)分析样品中残留的钠含量。

### 2.3.2　结果和讨论

#### 2.3.2.1　氢气恒温还原不同粒度的 $MoO_2$

1)失重和动力学分析

为了研究 $MoO_2$ 的颗粒尺寸对反应机理和动力学及制备钼粉粒度和形貌的影

响，采用三种不同粒度的 $MoO_2$ 粉末为原料进行氢气还原实验。首先对于不含盐颗粒的 $MoO_2$ 进行氢气还原。在我们之前的工作中[1,2,11]，对氢气还原 $MoO_2$ 的动力学进了详细的研究，发现当反应温度高于 650℃时的反应进度(定义为在时间 $t$ 内的实际失重与理论失重率(25%)的比值)与反应时间具有线性关系，界面化学反应是控制反应速率的环节。从不同温度下氢气还原的三种不同粒度 $MoO_2$ 的 TG(失重)曲线中可以看出，反应进度与反应时间之间也存在近似的线性关系(图 2-32(a)～图 2-32(c))。因此，反应进度和反应时间之间的关系可以用式(2-9)来描述(界面化学反应模型)[11]

$$\alpha = kt \tag{2-9}$$

式中，$\alpha$ 为反应进度；$k$ 为反应速率常数，$min^{-1}$；$t$ 为反应时间，min。

而反应速率常数与温度的关系可以用 Arrhenius 方程来描述[2, 11]，如式(2-10)所示。

$$k = A\exp\left(\frac{-\Delta E}{RT}\right) \tag{2-10}$$

式中，$A$ 为指前因子；$\Delta E$ 为活化能；$R$ 为气体常数；$T$ 为绝对温度(K)。为了方便计算活化能，将等式(2-10)转化为式(2-11)。

$$\ln k = \frac{-\Delta E}{RT} + \ln A \tag{2-11}$$

通过拟合 TG 曲线获得不同温度下不同粒度 $MoO_2$ 的速率常数，如图 2-32(d)所示。从中可以看到，当温度升高时，反应速率逐渐增加。而当减小原料 $MoO_2$ 的粒径时，反应速率增加。尤其是 3#$MoO_2$，由于其具有最小的粒度，在各温度下的反应速率要明显大于 1#和 2#$MoO_2$。这是因为当粒度减小时，粉末的比表面积会增加，进而增加反应的面积，使反应速率提高。从图 2-32(d)显示，不同样品

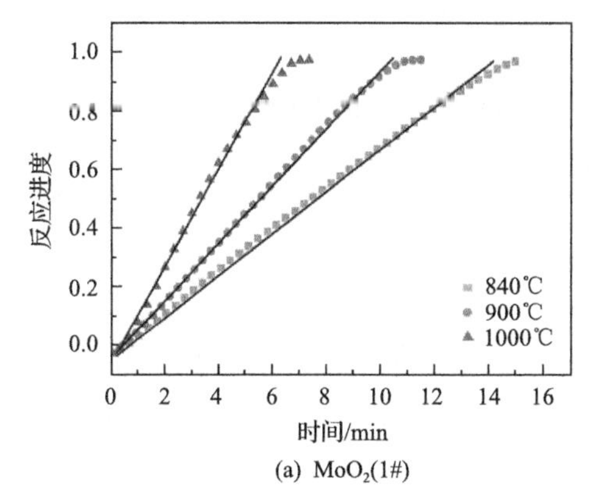

(a) $MoO_2$(1#)

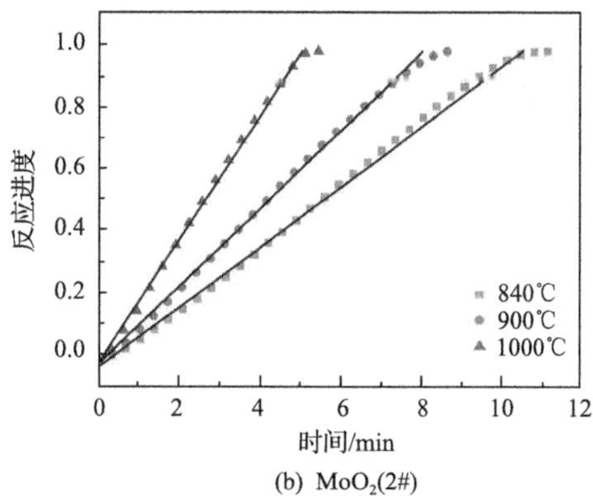

(b) $MoO_2$(2#)

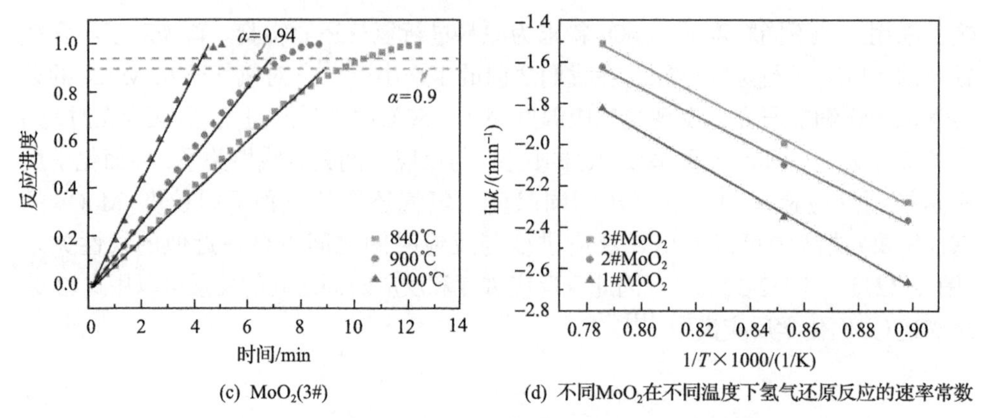


(c) $MoO_2$(3#)　(d) 不同$MoO_2$在不同温度下氢气还原反应的速率常数

图 2-32　不同粒度 $MoO_2$ 的等温氢气还原 TG 的拟合曲线

的实验结果与 Arrhenius 方程(方程式(2-11))吻合得很好。将实验数据代入式(2-11)可以获得 1#、2#和 3#$MoO_2$ 氢气还原反应的活化能，它们分别为 62.23kJ/mol、54.89kJ/mol 和 56.63kJ/mol，这些值在文献报道的氢气还原 $MoO_2$ 的活化能在 50.2～136kJ/mol 的范围内[1,2,11]。综上所述，温度的升高和 $MoO_2$ 颗粒尺寸的减小都有利于提高氢气对 $MoO_2$ 的还原速率，进而提高水蒸气及气相水合物($MoO_2(OH)_2$)的浓度。

2)形貌和粒度分析

如图 2-33 所示的是三种不同粒度 $MoO_2$ 在不同温度下氢气还原制备的钼粉的 FE-SEM 照片。从图 2-33(a1)～图 2-33(a3)可以看到，1#$MoO_2$ 在不同温度下制备的钼产物基本保持了原料 $MoO_2$ 的整体形貌和颗粒尺寸。如 2.2 节所述，由氧的去除和体积收缩导致在钼颗粒表面出现了一些裂缝。同时，在裂纹里出现了一些分散且较细的钼晶粒，其粒径随温度的升高而增大。这是因为在反应过程中，这些裂纹可以作为气体传输的通道，其中具有较高的水蒸气和气相水合物浓度，最终导致局部可以分散形核。而当 $MoO_2$ 的粒度减小时，如 2#$MoO_2$(图 2-33(b1)～图 2-33(b3))，制备的钼颗粒也基本保持了相应的原始 $MoO_2$ 的粒度和形态，类似于 1#$MoO_2$ 的情况。继续减小粒度，当 3#$MoO_2$ 在 840℃和 900℃时被还原时，其钼产物也基本保持了原料的粒度和形貌(图 2-33(c1)～图 2-33(c2))。但是，当反应温度增至 1000℃时，出现了一些不同于原始 $MoO_2$ 形貌和粒度的细小的钼(图 2-33(c3))。部分钼晶粒在 $MoO_2$ 基体之外生成，这表明出现了较强的化学气相传输现象。如上所述，3#的反应速率更高，水蒸气的浓度和 $MoO_2(OH)_2$ 的浓度会更高，因此会有部分钼分散形核。

综上所述，可以得出结论，在 1000℃以下的干燥氢气中，钼的形态和粒度主要由原料 $MoO_2$ 决定，不能由大粒径的 $MoO_2$ 制备出超细钼粉。但是当使用超细 $MoO_2$ 为原料时，可以成功制备超细钼粉。

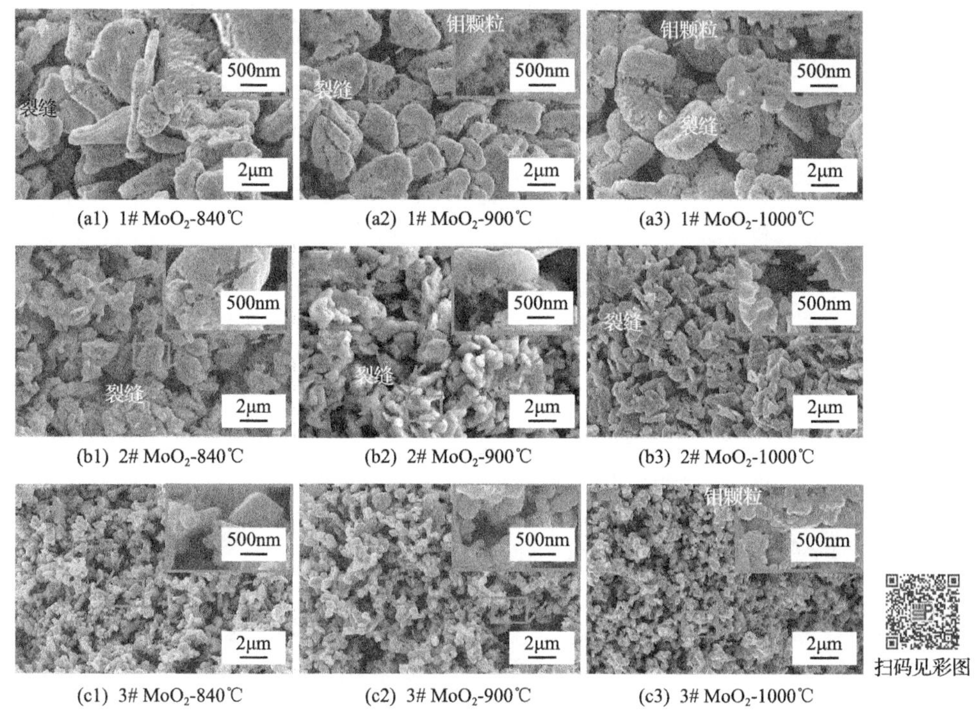


(a1) 1# $MoO_2$-840℃ (a2) 1# $MoO_2$-900℃ (a3) 1# $MoO_2$-1000℃

(b1) 2# $MoO_2$-840℃ (b2) 2# $MoO_2$-900℃ (b3) 2# $MoO_2$-1000℃

(c1) 3# $MoO_2$-840℃ (c2) 3# $MoO_2$-900℃ (c3) 3# $MoO_2$-1000℃

图 2-33 不同粒度的 $MoO_2$ 在不同温度制备的钼产物的 FE-SEM 照片

#### 2.3.2.2 NaCl 辅助恒温氢气还原不同粒度的 $MoO_2$

1) NaCl 加入量的影响

在 2.3.1 节中发现，当没有盐颗粒辅助时，难以实现对氢气还原 $MoO_2$ 制备的钼产物的形貌和粒度的调控。为了探究通过控制盐颗粒的添加量对产物粒度和形貌的调控效果，进行了添加 0.01%～0.1% NaCl 的 $MoO_2$ 的氢气还原实验。如图 2-34(a)所示的是添加不同质量分数 NaCl 的 2#$MoO_2$ 在 900℃氢气还原的 TG 曲线。从中可以看到，加入 NaCl 会阻碍 $MoO_2$ 的还原反应，反应速率随着 NaCl 用量的增加而逐渐降低。图 2-34(b)～图 2-34(e) 显示了在 900℃下由添加不同质量分数 NaCl 的 2#$MoO_2$ 制备的钼产物的 FE-SEM 照片。从中可以看到，在 900℃下等温还原加入 0.01%或 0.02% NaCl 的 2#$MoO_2$ 时，制备的钼颗粒仍然保持原料 $MoO_2$ 的粒度和整体形貌(图 2-34(b))，但是在高放大倍数下可以发现一些小晶粒。然而，当添加的 NaCl 增加至 0.05%时，产物钼的形貌和粒度发生了显著改变，其平均粒径约为 250nm，且分散性较好(图 2-34(d))。随着 NaCl 的添加量进一步增至 0.1%，可以发现钼晶粒的粒径相对于添加 0.05% NaCl 的情况略有增加，但分散性变得更好。因此，为了得到均匀分散的超细钼粉，需要添加质量分数在 0.05%以上的 NaCl。接下来用添加质量分数为 0.1% NaCl 的 $MoO_2$ 进行进一步的研究。

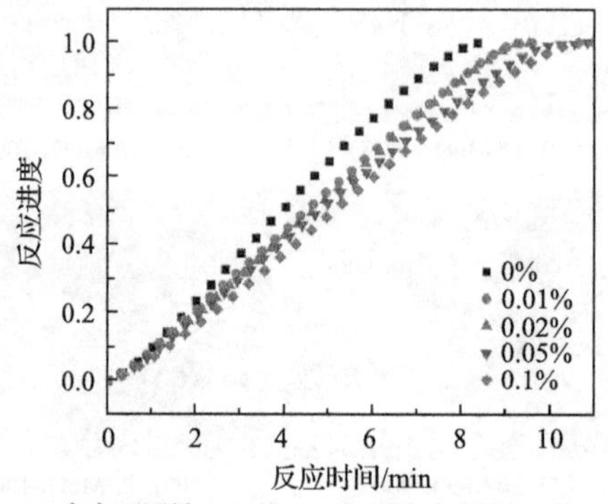


(a) 含有不同量NaCl的2#$MoO_2$的氢气还原TG的拟合曲线

(b) 0.01%　　(c) 0.02%

(d) 0.05%　　(e) 0.1%

扫码见彩图

图 2-34　含不同量 NaCl 的 2#$MoO_2$ 的氢气还原 TG 的拟合曲线及其 900℃下制备钼粉的 FE-SEM 图

2) 失重和动力学分析

图 2-35(a)～图 2-35(c)为 840～1000℃在 0.1% NaCl 辅助下氢气还原不同粒度 $MoO_2$ 的 TG 曲线。在添加了 0.1% NaCl 后，反应进度与反应时间也具有明显的线性关系，这与没有添加 NaCl 的情况相似(图 2-34(a))。通过拟合 TG 曲线，得到了不同温度下氢气还原添加 0.1% NaCl 的不同粒度 $MoO_2$ 的速率常数，如图 2-35(d)所示。从中可以发现，在添加 0.1% NaCl 后，与不添加的情况相比，温度和 $MoO_2$ 的粒度对反应速率具有相似的影响。随着温度的升高或 $MoO_2$ 粒径的减小，反应速率增加。值得注意的是，NaCl 对氢气还原 $MoO_2$ 具有明显的阻碍作

用，在添加 0.1% NaCl 后，三种粒度 $MoO_2$ 的氢气还原反应速率都明显地降低。但是，添加 0.1% NaCl 后，不同粒度 $MoO_2$ 的反应速率常数与 Arrhenius 方程（式(2-11)）依然可以吻合得很好。氢气还原 1#、2#和 3#$MoO_2$（含 0.1% NaCl）的活化能分别为 73.76kJ/mol、67.05kJ/mol 和 69.18kJ/mol。根据 2.3.2.1 节，在不存在 NaCl 的情况下，相应的活化能分别为 62.23kJ/mol、54.89kJ/mol 和 56.63kJ/mol。当加入 0.1% NaCl 时，三种不同粒度 $MoO_2$ 相应的活化能都明显地增加。这是因为添加的 NaCl 分布在 $MoO_2$ 颗粒的表面上（图 2-15），阻碍了氢气的扩散和反应。在添加 NaCl 之后，反应速率降低（式(2-4)），进而水蒸气的生成速率和浓度也会降低，从而导致气相水合物（$MoO_2(OH)_2$）的浓度降低。

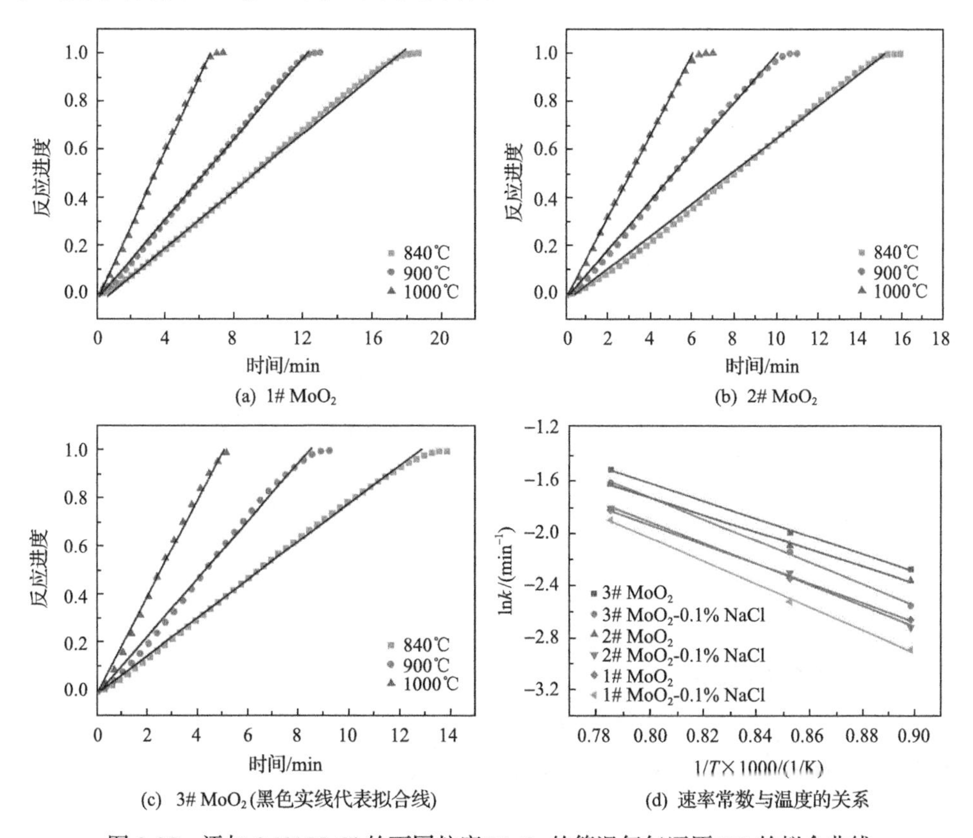


图 2-35　添加 0.1% NaCl 的不同粒度 $MoO_2$ 的等温氢气还原 TG 的拟合曲线

3）形貌和粒度分析

图 2-36 是在不同温度下添加 0.1% NaCl 辅助氢气还原不同粒度 $MoO_2$ 制备的钼的 FE-SEM 照片。当 1#$MoO_2$ 在 840℃和 900℃还原时，钼颗粒保持了原始 $MoO_2$ 的整体形貌，但是颗粒由尺寸分别约为 150nm 和 300nm 的较小钼晶粒组成（图 2-36(a1)和图 2-36(a2)），晶粒的分散度很差。然而，当温度升至 1000℃时，

产物的形貌和粒径发生了显著的变化，大多数钼晶粒都分散开了，平均粒径显著增加至约800nm(图2-36(a3))。对于较小粒径的2#$MoO_2$原料(约2μm)，即使在840℃下，制备的钼颗粒仍具有较好的分散性，其平均晶粒粒度约250nm(图2-36(b1))。当温度继续升高时，粒径逐渐增加，在900℃和1000℃下可分别达到约400nm和600nm。当使用超细$MoO_2$粉末(3#)时，其在840℃和900℃的平均粒度分别约为100nm和150nm，明显小于原始$MoO_2$的粒度，而且形貌为近球形。同时，在各温度下制备的钼晶粒的尺寸也显著小于由1#和2# $MoO_2$制备的产物。当温度升高至1000℃时，钼的粒度增至约300nm。因此，在0.1% NaCl的辅助下，大颗粒的$MoO_2$被成功还原为分散的超细钼晶粒。当减小原料$MoO_2$的粒径时，钼的粒度可以得到进一步减小，并且晶粒的分散性更好。然而，温度的升高会导致钼的粒径增加。

图2-36 不同温度下氢气还原含0.1% NaCl的不同粒度$MoO_2$产物的FE-SEM照片

#### 2.3.2.3 机理分析

根据上述分析，可以发现NaCl的量、还原温度和$MoO_2$的粒度等因素对还原速率及钼产物的形貌、粒径和颗粒的分散性具有显著的影响。这些现象的机理可以从钼晶粒的形核和生长的角度来解释。熔融NaCl(熔点约801℃)的存在阻碍了氢气的扩散，因此会降低 $MoO_2$ 的还原速率。但是钼可以在盐颗粒的辅助下生成大量的钼晶核，这些晶核可以作为化学气相传输生长制备超细钼颗粒的种子。通过喷雾法添加的 NaCl 颗粒附着在 $MoO_2$ 表面，可提供大量分散的 NaCl，以有利于形成大量分散的钼晶核(图 2-33)。但是，当 NaCl 添加量过低时(如 0.01%和 0.02%)，NaCl 对形核的帮助将会非常有限，因此不能制备出分散的钼晶粒。

根据形核与生长理论[26-28]，在液相或气相中，一旦形成一定数量的晶核之后，新生成的原子将会更倾向于沉积到已经存在的晶核上，而不是形成新的晶核。因此，在形核剂的辅助下生成钼晶核之后，气相钼源还原后更倾向于沉积到已经存在的钼晶核上，而不是重新形核。钼源通过化学气相传输从 $MoO_2$ 传输到钼晶核，该过程可以分为三个阶段。第一阶段，通过 $MoO_2$ 与水蒸气的反应生成气相传输相($MoO_2(OH)_2$)，如反应式(2-5)所示。第二阶段，在浓度梯度的驱动下，$MoO_2(OH)_2$ 被输送到钼晶核附近。第三阶段，$MoO_2(OH)_2$ 在 Mo 晶核附近被还原成 Mo 原子并沉积到已经存在的钼晶核上，如反应式(2-8)所示。由于 $MoO_2(OH)_2$ 的生成主要受反应速率的影响，而反应速率又受温度和 $MoO_2$ 粒径的影响。因此当反应速率增加时(温度增加或 $MoO_2$ 粒度减小)，生成的水蒸气和 $MoO_2(OH)_2$ 的浓度将增加，进而导致产物的分散性会更好。但是，如前所述，当还原温度升高时，较高的水蒸气浓度也可能使钼晶核稳定存在的临界尺寸增加，进而导致晶核(颗粒)数量减少。同时，温度升高也会促进相邻的盐颗粒和钼晶核的聚合，以及盐颗粒的蒸发。因此，当温度升高时，晶核数量将减少，同时钼晶粒的尺寸将增大。

由上述分析可知，原料 $MoO_2$ 粒径的增加会降低氢气的还原速率。因此，当原料粒径增加时，$MoO_2(OH)_2$ 的生成速率和浓度会降低。另外，$MoO_2(OH)_2$ 从 $MoO_2$ 的反应界面向钼晶核附近的传输也会受到 $MoO_2$ 粒径的影响。由于 NaCl 的分布点和生成的钼晶核分布在 $MoO_2$ 表面，当 $MoO_2$ 的粒度较大时，气相迁移的距离就会增加，这些因素都会导致 $MoO_2(OH)_2$ 的生成和由反应界面向钼晶核的输送过程变得困难。因此，原料 $MoO_2$ 粒径的增加会减弱钼的迁移能力，使得生成的钼粉末的分散性差。值得注意的是，当 $MoO_2$ 的粒度增加时，其比表面积会减小，这会使盐颗粒或钼晶核的分布更密集，导致相邻的盐颗粒及钼晶核更容易聚集到一起，从而减少钼晶核及最终颗粒的数量，这与增加盐颗粒量的结果有些类似。因此，减小 $MoO_2$ 的粒度有利于使盐颗粒和生成的钼晶核颗粒分布地更加分散。此外，当粒度减小时，反应速率加快，生成的 $MoO_2(OH)_2$ 浓度会增加，从而可以进一步提高钼源的迁移能力并提高钼颗粒的分散性。

此外，通过对反应产物进行分析，发现含有 0.1% NaCl 的 2#$MoO_2$ 在 900℃和 1000℃氢气还原 60min 后，其产物残留的 Na 分别从初始值约 $3.8\times10^{-6}$%分别降至 $1.4\times10^{-6}$%和 $0.33\times10^{-6}$%。因此，大部分 NaCl 可通过在高温下蒸发去除。

为了揭示 NaCl 是否会在低于其熔点(801℃)的温度下影响钼的形核，故在 750℃下进行了氢气还原没有 NaCl 辅助和有 0.1% NaCl 辅助的 2#$MoO_2$ 粉末，其产物的 FE-SEM 照片见图 2-37。在没有 NaCl 的情况下，制备的钼颗粒保持了原料 $MoO_2$ 的形貌和粒径。然而，在 0.1% NaCl 的帮助下，钼产物的形态和粒径发生了显著变化，形成了大量分散的钼颗粒。因此，如图 2-38 所示，即使在低于 NaCl 熔点的温度下，NaCl 仍可对钼产物的形貌和尺寸产生很大影响。为了进一步探索 $MoO_2$ 能否与 NaCl 反应形成新的熔融相，故将 $MoO_2$ 和 30% NaCl 均匀混合，然后在 750℃下分别在氩气和氢气气氛中进行处理。样品在氩气气氛中热处理 1h 的 XRD 图谱可看到，只有 $MoO_2$ 和 NaCl 的 XRD 衍射峰，没有出现其他新的物相(图 2-38(a))。此外，在氢气气氛下反应进度为 0.46 时产物的 XRD 结果(图 2-38(b))可以看出，唯一新出现的物相是钼。因此，NaCl 无论是在氩气还是在氢气气氛下都不能与 $MoO_2$ 发生反应。综上所述，即使 NaCl 为固态，其添加也可以对钼的形核具有明显的辅助作用。

(a) 不加添加剂

扫码见彩图

(b) 加入0.1% NaCl

图 2-37　750℃氢气还原 2#$MoO_2$ 产物的 FE-SEM 照片

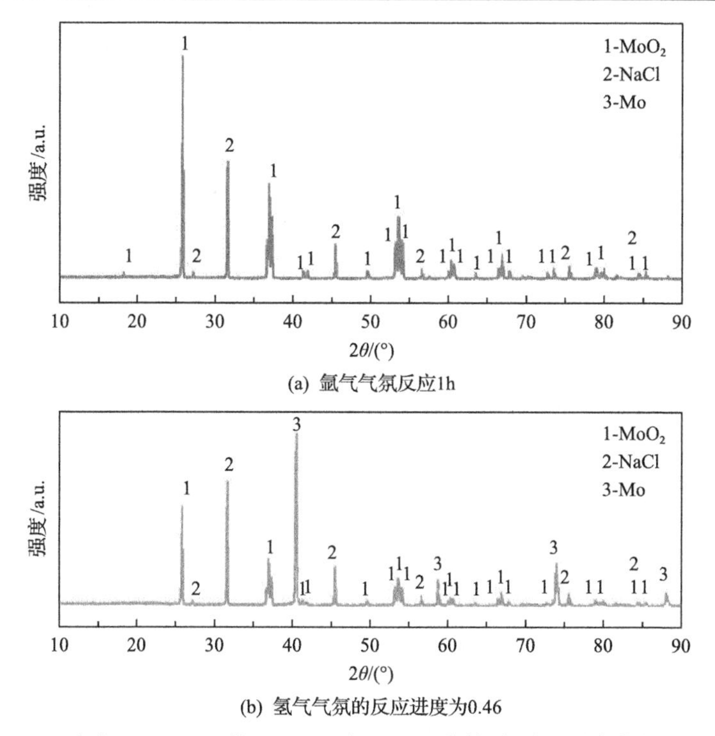

(a) 氩气气氛反应1h

(b) 氢气气氛的反应进度为0.46

图 2-38 含有 30% NaCl 的 2#$MoO_2$ 在 750℃不同气氛处理后产物的 XRD 图

## 参考文献


[1] 党杰. 钼氧化物还原过程中的物相转变规律及其动力学机理研究[D]. 北京: 北京科技大学, 2016.

[2] Dang J, Zhang G H, Chou K C. Study on kinetics of hydrogen reduction of $MoO_2$[J]. International Journal of Refractory Metals and Hard Materials, 2013, 41: 356-362.

[3] Schulmeyer W V, Ortner H M. Mechanisms of the hydrogen reduction of molybdenum oxides[J]. International Journal of Refractory Metals and Hard Materials, 2002, 20(4): 261-269.

[4] Dang J, Zhang G H, Chou K C, et al. Kinetics and mechanism of hydrogen reduction of $MoO_3$ to $MoO_2$[J]. International Journal of Refractory Metals and Hard Materials, 2013, 41: 216-223.

[5] Bolitschek J, Luidold S, O'Sullivan M. A study of the impact of reduction conditions on molybdenum morphology[J]. International Journal of Refractory Metals and Hard Materials, 2018, 71: 325-329.

[6] Xia Y, Gilroy K D, Peng H C, et al. Seed-mediated growth of colloidal metal nanocrystals[J]. Angewandte Chemie International Edition, 2017, 56(1): 60-95.

[7] Ziegler C, Eychmüller A. Seeded growth synthesis of uniform gold nanoparticles with diameters of 15～300nm[J]. The Journal of Physical Chemistry C, 2011, 115(11): 4502-4506.

[8] Rioux D, Meunier M. Seeded growth synthesis of composition and size-controlled gold-silver alloy nanoparticles[J]. The Journal of Physical Chemistry C, 2015, 119(23): 13160-13168.

[9] Pretzer L A, Nguyen Q X, Wong M S. Controlled growth of sub-10nm gold nanoparticles using carbon monoxide reductant[J]. The Journal of Physical Chemistry C, 2010, 114(49): 21226-21233.

[10] Liu X, Xu H, Xia H, et al. Rapid seeded growth of monodisperse, quasi-spherical, citrate-stabilized gold nanoparticles via $H_2O_2$ reduction[J]. Langmuir, 2012, 28(38): 13720-13726.

[11] 王璐. 超细氧化钼的制备及其气基还原动力学机理研究[D]. 北京: 北京科技大学, 2018.

[12] Lenz M, Gruehn R. Developments in measuring and calculating chemical vapor transport phenomena demonstrated on Cr, Mo, W, and their compounds[J]. Chemical Reviews, 1997, 97(8): 2967-2994.

[13] Millner T, Neugebauer J. Volatility of the oxides of tungsten and molybdenum in the presence of water vapour[J]. Nature, 1949, 163(4146): 601.

[14] Belton G R, Jordan A S. The volatilization of molybdenum in the presence of water vapor[J]. The Journal of Physical Chemistry, 1965, 69(6): 2065-2071.

[15] Schäfer H, Grofe T, Trenkel M. The chemical transport of molybdenum and tungsten and of their dioxides and sulfides[J]. Journal of Solid State Chemistry, 1973, 8(1): 14-28.

[16] Mann A K P, Fu J, DeSantis C J, et al. Spatial and temporal confinement of salt fluxes for the shape-controlled synthesis of $Fe_2O_3$ nanocrystals[J]. Chemistry of Materials, 2013, 25(9): 1549-1555.

[17] Xiao X, Hayashi F, Yubuta K, et al. Effects of alkali cations and sulfate/chloride anions on the flux growth of {001}-faceted $\beta$-$Li_2TiO_3$ crystals[J]. Crystal Growth & Design, 2017, 17(3): 1118-1124.

[18] Xia B, Lenggoro I W, Okuyama K. Novel route to nanoparticle synthesis by salt-assisted aerosol decomposition[J]. Advanced Materials, 2001, 13(20): 1579-1582.

[19] Wang L, Zhang G H, Wang J S, et al. Study on Hydrogen Reduction of Ultrafine $MoO_2$ To Produce Ultrafine Mo[J]. The Journal of Physical Chemistry C, 2016, 120: 4097-4103.

[20] Kim B S, Kim E Y, Jeon H S, et al. Study on the reduction of molybdenum dioxide by hydrogen[J]. Metallurgical and Materials Transactions, 2008, 49: 2147.

[21] Wang L, Zhang G H, Chou K C. Study on oxidation mechanism and kinetics of $MoO_2$ to $MoO_3$ in air atmosphere[J]. International Journal of Refractory Metals and Hard Materials, 2016, 57: 115-124.

[22] Dang J, Zhang G H, Chou K C. A morphological study of the reduction of $MoO_2$ by hydrogen[J]. High Temperature Materials Proccesses, 2015, 34: 417-424.

[23] Tomita A. Catalysis of carbon-gas reactions[J]. Catalysis Surveys Japan, 2001, 5: 17-24.

[24] Pan W, Ma Z J, Zhao Z X, et al. Effect of $Na_2O$ on the Reduction of $Fe_2O_3$ Compacts with $CO/CO_2$[J]. Metallurgical Materials Transactions B, 2012, 43: 1326-1337.

[25] Ebrahimi Kahrizsangi R, Abbasi M H, Saidi A. Model-fitting approach to kinetic analysis of non-isothermal oxidation of molybdenite[J]. Iranian Journal of Chemistry and Chemical Engineering, 2007, 26: 119-123.

[26] Lee J, Yang J, Kwon S G, et al. Nonclassical nucleation and growth of inorganic nanoparticles[J]. Nature Reviews Materials, 2016, 1(8): 16034.

[27] Wang Y, He J, Liu C, et al. Thermodynamics versus kinetics in nanosynthesis[J]. Angewandte Chemie International Edition, 2015, 54(7): 2022-2051.

[28] Sun G D, Zhang G H, Chou K C, et al. Preparation of SiS and $SiO_2$ nanospheres[J]. Industrial & Engineering Chemistry Research, 2017, 56(43): 12362-12368.

[29] Wang L, Zhang G H, Jiao S Q, et al. Pyrophoric behaviour of ultrafine Mo powder[J]. Corrosion Science, 2017, 128: 85-93.

[30] Lassner E, Schubert W D. Properties, Chemistry, Technology of the Element, Alloys, and Chemical Compounds[M]. New York: Plenum Publishers, 1999: 124, 125.

[31] Zimmerl T, Schubert W D, Bicherl A, et al. Hydrogen reduction of tungsten oxides: Alkali additions, their effect on the metal nucleation process and potassium bronzes under equilibrium conditions[J]. International Journal of Refractory Metals and Hard Materials, 2017, 62: 87-96.

[32] Thanh N T K, Maclean N, Mahiddine S. Mechanisms of nucleation and growth of nanoparticles in solution[J]. Chemical Reviews, 2014, 114(15): 7610-7630.

[33] Vitos L, Ruban A V, Skriver H L, et al. The surface energy of metals[J]. Surface Science, 1998, 411(1-2): 186-202.

[34] Wang J, Wang S Q. Surface energy and work function of fcc and bcc crystals: Density functional study[J]. Surface Science, 2014, 630: 216-224.

[35] Wang Z L. Transmission electron microscopy of shape-controlled nanocrystals and their assemblies[J]. ACS Publications, 2000, 104(6): 1153-1175.

# 3　超细钼晶核辅助氢气还原氧化钼制备超细钼粉

在前面的研究中发现，氢气还原 $MoO_2$ 制备超细钼粉的主要难题是在还原过程中难以生成大量稳定且分散的钼晶核，因而难以实现对钼晶粒的数量和粒度的调控。当还原温度和生成水蒸气的浓度较低时，钼无法分散形核，最终制备的钼粉将保持原始 $MoO_2$ 的形貌；而当温度和水蒸气的浓度足够高时，虽然钼可以分散形核，但较高的水蒸气浓度又会使得形核的数量较少，无法形成大量分散的钼晶核，导致最终钼粉的粒度较大。因此，氢气还原制备超细钼粉的关键是形成大量分散的钼晶核。第 2 章采用喷雾法在 $MoO_2$ 中引入大量分散的盐颗粒，然后在盐颗粒的辅助下制备了分散性好、晶粒细小的钼粉。而本章继续在氢气还原工艺的基础上，尝试通过在 $MoO_2$ 中引入超细钼核实现对产物形核和粒度的控制，以此探索可控的制备超细钼粉的方法。

## 3.1　实验原料和方法

本章所使用的实验原料为商业高纯 $MoO_2$ 和两种不同粒度的钼粉，其微观形貌图如图 3-1 所示。图 3-1(a) 为商业高纯 $MoO_2$ 的微观形貌图，从中可以看到 $MoO_2$ 的形状为片状，粒度约为 5μm；图 3-1(b) 为商业微米级钼粉的微观颗粒形貌，从图中可以发现其粒度分布较宽，均匀性较差；而图 3-1(c) 为自制超细钼粉（制备方法将在本书第 5 章进行详细介绍）的微观形貌图，该钼粉粒度约为 170nm 且均匀性较好。

(a) 商业$MoO_2$

(b) 商业钼粉

(c) 超细钼粉

图 3-1　商业高纯 $MoO_2$ 和两种不同粒度钼粉的微观形貌图

本章的实验装置示意图如图 3-2 所示。具体实验过程如下：将纯 $MoO_2$、掺杂

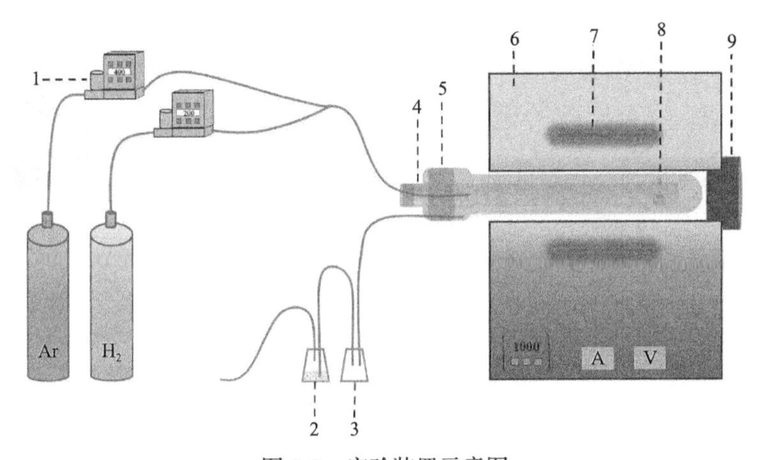

图 3-2　实验装置示意图

1. 气体流量计；2. 装水的烧杯；3. 空烧杯；4. 橡皮塞；5. 石英管；
6. 硅-碳电炉；7. 发热元件；8. 氧化铝坩埚；9. 耐火砖

用商业钼粉或超细钼粉(掺杂量为 10%、20%或 40%(质量分数，下同))的混合物混合均匀。图 3-3 是 $MoO_2$ 与两种钼粉混合后的电镜图片。通过混合这一过程，片状的 $MoO_2$ 与钼颗粒可以均匀混合，且掺杂的超细钼颗粒可以更加均匀地分散在 $MoO_2$ 周围。混合完成后，精确称量样品，并将样品放入氧化铝坩埚中，再将坩埚放置于图 3-2 中的石英管并置于高温炉的恒温区内。在氩气气氛下将炉子升温到目标温度且稳定后(900℃、1000℃、1100℃)，将氩气切换成氢气(200mL/min)进行还原反应。待反应完成后再将气氛切换成氩气，取出石英管冷却至室温后取出样品。

(a) $MoO_2$-20%超细钼粉

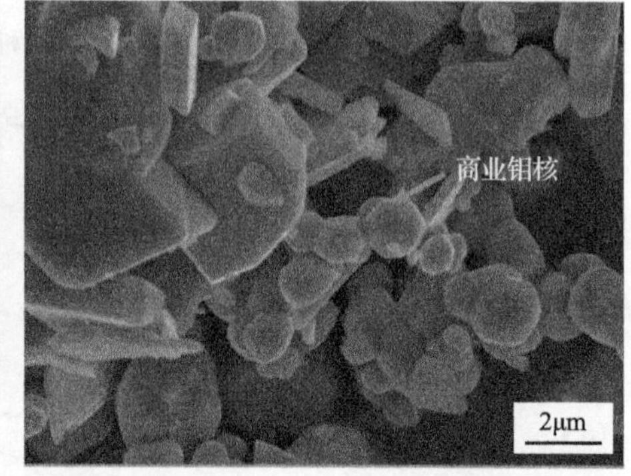


(b) $MoO_2$-20%商业钼粉

图 3-3 均匀混合后的原料

## 3.2 实 验 结 果

### 3.2.1 XRD 物相分析

图 3-4 是氢气还原后产物的 XRD 衍射图。从图中可以看出，不管是纯 $MoO_2$、$MoO_2$ 混合商业钼粉，还是 $MoO_2$ 混合超细钼粉，所有还原产物的 XRD 结果中

只存在钼的衍射峰，没有其他物相的存在，表明反应物都被氢气完全还原为金属钼。

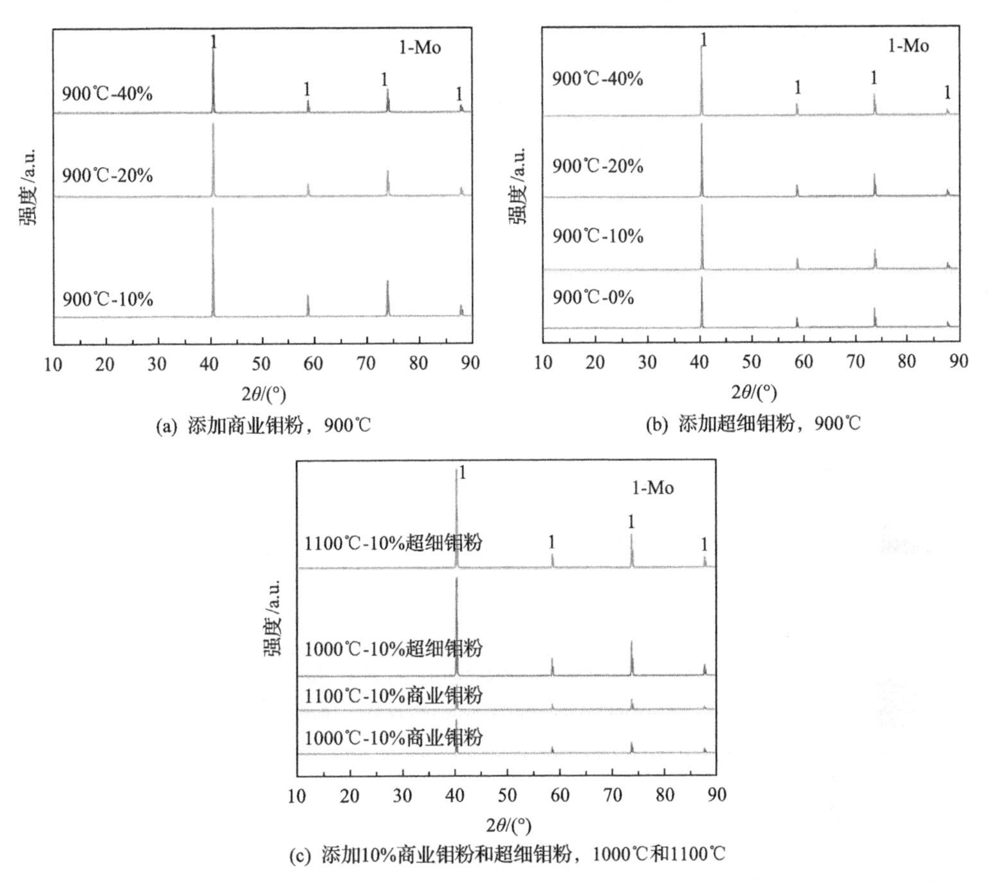


(a) 添加商业钼粉，900℃

(b) 添加超细钼粉，900℃

(c) 添加10%商业钼粉和超细钼粉，1000℃和1100℃

图 3-4 不同温度下添加不同量、不同粒度的钼粉辅助氢气还原 $MoO_2$ 制备产物的 XRD 图

### 3.2.2 形貌和粒径分析

#### 3.2.2.1 氢气还原纯 $MoO_2$

图 3-5 是在不同温度下(900℃、1000℃、1100℃)氢气还原纯 $MoO_2$ 产物的电镜图片。从图中可以清晰地看到，在三个不同的反应温度下，钼产物的平均粒径都为微米级。随着温度从 900℃增至 1000℃和 1100℃，钼颗粒的平均粒径从 2.06μm 分别增加到 3.54μm、5.63μm。

#### 3.2.2.2 氢气还原掺杂商业钼粉的 $MoO_2$

图 3-6 为在 900～1100℃的还原温度下，氢气还原掺杂了不同含量商业钼粉的

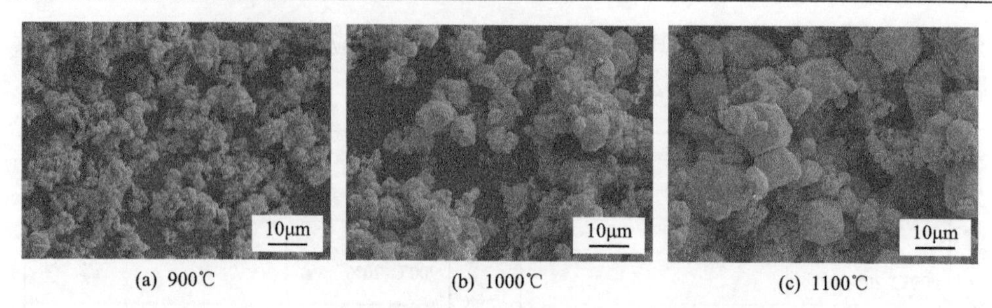


(a) 900℃　(b) 1000℃　(c) 1100℃

图 3-5　不同温度下氢气还原纯 $MoO_2$ 产物的形貌图

$MoO_2$ 还原产物的微观形貌，表 3-1 给出了还原产物的平均粒径。从中可以看到，相比于氢气还原纯 $MoO_2$，掺杂商业钼粉辅助还原制备产物的粒径有所减小。当反应温度为 900℃，掺杂 40%商业钼粉时，如图 3-6(c)所示，钼颗粒的平均粒径为 460nm，但产物钼整体保持了原始 $MoO_2$ 的形貌。然而，随着添加量降低到 20%和 10%时，如图 3-6(a)和图 3-6(b)所示，钼颗粒的形貌和粒径发生了显著的改变，生成许多较小的钼颗粒并依附在大的钼颗粒附近，而钼颗粒的平均粒径分别增

(a) 10%-900℃　(b) 20%-900℃　(c) 40%-900℃

(d) 10%-1000℃　(e) 20%-1000℃　(f) 40%-1000℃

(g) 10%-1100℃　(h) 20%-1100℃　(i) 40%-1100℃

图 3-6　不同温度下添加不同量的商业钼粉辅助氢气还原 $MoO_2$ 制备产物的 FE-SEM 照片

至 1.45μm 和 1.78μm。因此，在 900℃时随着钼核掺杂数目的减少，产物钼的粒径逐渐增加。同时，在 1000℃、1100℃时，也可得到同样的结论。当反应温度增加到 1000℃时(图 3-6(d)～图 3-6(f))，随着添加量从 10%增至 20%再到 40%，钼颗粒的平均粒径分别为 2.55μm、2.37μm、2.11μm；当反应温度为 1100℃时，如图 3-6(g)～图 3-6(i)所示，钼颗粒的平均粒径随加入的钼核分别为 3.25μm、2.51μm、2.17μm。结合以上分析，钼产物的粒径随着温度的升高和钼核添加量的减少而增加。

**表 3-1 不同温度下添加不同量的商业钼粉辅助氢气还原 $MoO_2$ 制备的产物平均粒径** 单位：μm

| 还原温度/℃ | 商业钼粉的添加量[$w$(Mo)]/% | | | |
|---|---|---|---|---|
| | 0 | 10 | 20 | 40 |
| 900 | 2.06 | 1.78 | 1.45 | 0.46 |
| 1000 | 3.54 | 2.55 | 2.37 | 2.11 |
| 1100 | 5.63 | 3.25 | 2.51 | 2.17 |

#### 3.2.2.3 氢气还原掺杂超细钼粉的 $MoO_2$

图 3-7 是在 900～1100℃温度下氢气还原掺杂不同含量超细钼粉的 $MoO_2$ 产物的微观形貌。表 3-2 统计了超细钼粉辅助还原产物的平均粒径。结合图 3-5 和表 3-1 中氢气还原纯 $MoO_2$ 还原产物的结果可发现，掺杂了超细钼粉辅助还原的产物粒径显著减小，并通过控制钼粉的添加量，成功实现了制备粒度可控的超细钼粉。从图 3-7(a)～图 3-7(c)可以看到，在 900℃的还原温度下，添加 10%、20%和 40%超细钼粉辅助还原得到的钼粉的平均粒径分别为 0.6μm、0.58μm、0.28μm。随着反应温度增至 1000℃，如图 3-7(d)～图 3-7(f)所示，随着添加量的增加，钼粉的粒径相应地分别增至 0.69μm、0.64μm、0.46μm。当温度进一步升高到 1100℃时，如图 3-7(g)～图 3-7(i)所示，制备出钼粉的平均粒径分别为 0.88μm、0.82μm 和 0.66μm。从上述结果可知，与掺杂商业钼粉一样，掺杂超细钼粉对最终钼产物的粒度有着非常显著的影响。钼产物的平均粒径随着温度的升高而增大，但随钼粉掺杂量的增加而减少。因此，可通过调控超细钼核的掺杂量及反应温度来实现对不同粒度的超细钼粉的可控制备。

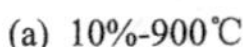
(a) 10%-900℃

(b) 20%-900℃

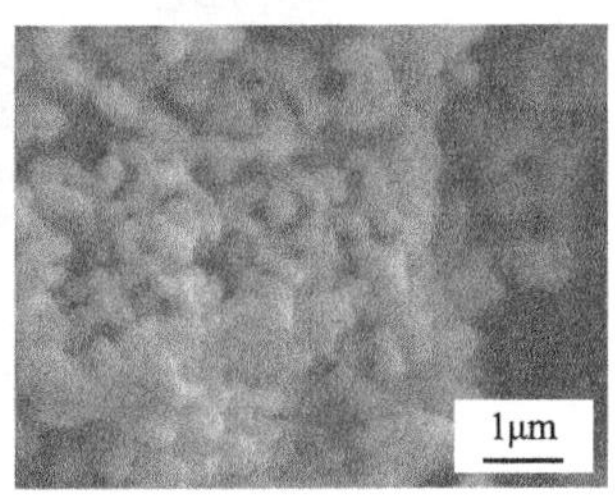


(c) 40%-900℃

(d) 10%-1000℃　(e) 20%-1000℃　(f) 40%-1000℃

(g) 10%-1100℃　(h) 20%-1100℃　(i) 40%-1100℃

图 3-7　不同温度下添加不同量的超细钼粉辅助氢气还原 $MoO_2$ 制备产物的 FE-SEM 照片

**表 3-2　不同温度下添加不同量的超细钼粉辅助氢气还原 $MoO_2$ 制备产物的平均粒径**　单位：μm

| 还原温度/℃ | 超细钼粉的添加量[$w$(Mo)]/% | | | |
|---|---|---|---|---|
| | 0 | 10 | 20 | 40 |
| 900 | 2.06 | 0.6 | 0.58 | 0.28 |
| 1000 | 3.54 | 0.69 | 0.64 | 0.46 |
| 1100 | 5.63 | 0.88 | 0.82 | 0.66 |

图3-8是在1000℃时氢气还原掺杂了20%超细钼粉的 $MoO_2$ 的还原产物的TEM图。从图 3-8(a)可以看出，制备的钼颗粒大小均匀，粒径约为 0.60μm。结合单个钼颗粒的电子衍射图(SAED)可知(图 3-8(b))，所制备的钼颗粒为单晶颗粒。

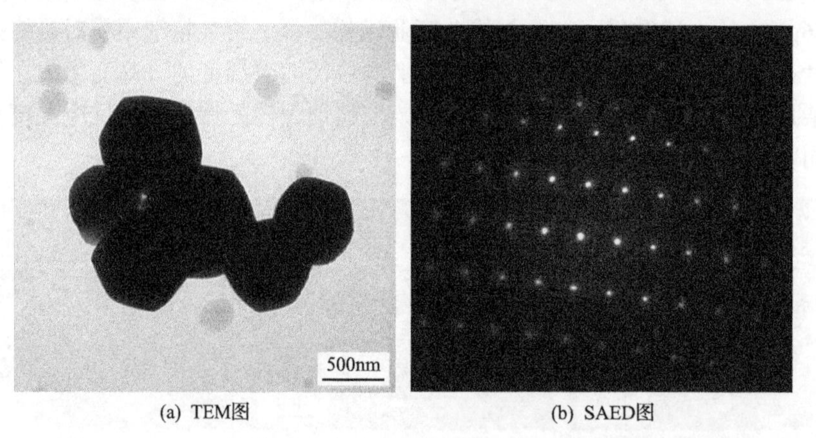


(a) TEM图　(b) SAED图

图 3-8　1000℃下添加 20%超细钼粉辅助氢气还原 $MoO_2$ 制备的产物

## 3.3 机理分析

### 3.3.1 氢气还原 $MoO_2$ 的机理分析

如前面章节所述，在氢气还原氧化钼的过程中存在两种不同的反应机理：假晶转变机理和化学气相传输机理[1-5]。一般来说，当水蒸气分压相对较低时，反应主要遵循假晶转变机理，制备的产物大体保持原料 $MoO_2$ 的形貌；而当水蒸气分压较高时，反应主要遵循化学气相传输机理，钼产物的形貌相比于 $MoO_2$ 发生了显著改变。

在氢气还原过程中会生成气相传输相 $MoO_2(OH)_2$，其主要由 $MoO_2$ 和水蒸气反应生成，如反应式(3-1)所示。在还原过程中，$MoO_2$ 和 $MoO_2(OH)_2$ 被氢气还原为钼，如反应式(3-2)和式(3-3)所示，生成的钼原子将被用于形核和生长。当生成的 $MoO_2(OH)_2$ 的浓度足够高时(如高温条件下和高浓度的 $MoO_2$)，钼的迁移能力将会得到极大提升，从而达到分散形核的效果，钼原子可以从反应界面迁移到其他地方而独立形核。但高浓度的 $MoO_2(OH)_2$ 也会促进钼核的生长，形成粒径较大的钼颗粒。当生成的 $MoO_2(OH)_2$ 的浓度较低时(如低温条件下和低浓度的 $MoO_2$)，钼原子的迁移将会受到限制，生成的钼核大部分沉积在附近未反应的 $MoO_2$ 表面进行形核和生长，无法形成大量分散的核心，同时低浓度的 $MoO_2(OH)_2$ 也使得钼核的生长受到限制。随着反应界面由颗粒表面推移到颗粒内部，所制备的钼产物将遗传原材料 $MoO_2$ 的形貌。

$$MoO_2(s) + 2H_2O(g) = MoO_2(OH)_2(g) + H_2(g) \tag{3-1}$$

$$MoO_2(s) + 2H_2(g) = Mo(s) + 2H_2O(g) \tag{3-2}$$

$$MoO_2(OH)_2(g) + 3H_2(g) = Mo(s) + 4H_2O(g) \tag{3-3}$$

### 3.3.2 钼核辅助氢气还原 $MoO_2$ 的形核和生长机理

对于氢气还原氧化钼制备超细钼粉而言，关键是对钼的形核和生长进行调控。传统氢气还原纯 $MoO_2$ 制备钼粉的方法，很难对形核和生长方面进行调控。在低温条件下，由于生成低浓度的 $MoO_2(OH)_2$，无法形成大量分散的钼晶核；在高温条件下，由于生成高浓度的 $MoO_2(OH)_2$，钼颗粒会通过化学气相传输的方式长大，从而无法控制其生长。

在氢气还原过程中添加超细钼粉进行辅助，钼核均匀地分散在原料 $MoO_2$ 颗粒的周围，成功实现了对钼颗粒形核和生长的调控，并制备出尺寸可控的超细钼粉。当钼核加入 $MoO_2$ 中，还原生成的钼原子可通过化学气相迁移沉积在附近的钼核上进行生长。但当添加钼核数量较少且还原温度过低时(图 3-6(a)和

图 3-6(b)），制备的钼颗粒均匀性差，有的颗粒尺寸甚至比加入钼核的粒径更小，这意味着在氢气还原的过程中，除了掺杂的核心，还会生成新的核心。这是因为添加的 Mo 核数量太少，无法均匀分散到原料 $MoO_2$ 中。当有些区域没有掺杂核心时，就会独立形核，且由于温度过低，生成的 $MoO_2(OH)_2$ 的浓度较低，钼的迁移较为困难且钼核的生长也受到限制，故最终制备钼粉的均匀性和分散性很差。而在高温条件下即便加入的核心数目较少，但生成 $MoO_2(OH)_2$ 的浓度较高，仍然可以促进钼迁移到较远的核心上进行生长，也可以促进独立形核的钼核的长大，因此当在高温下掺杂的钼核数量较少时，可能会存在两种情况：①掺杂核心通过化学气相传输机理的长大[6-8]；②反应生成的钼核心的生长。而当掺杂的钼核数量较多时其可均匀分散在原料 $MoO_2$ 周围，在氢气还原的过程中，通过 $MoO_2(OH)_2$ 传输的钼原子将会优先沉积到已存在且稳定的核心上进行生长[9,10]。虽然钼颗粒会有一定程度的长大，但由于添加的钼核的存在，会使得 $MoO_2$ 颗粒被分隔开，稀释了局部的水蒸气和 $MoO_2(OH)_2$ 的浓度。当添加钼核数量较多时，$MoO_2$ 的相对浓度就减小，还原过程中生成的钼原子均匀沉积在钼核上，最终得到的钼颗粒仅会有轻微的长大。因此，在同样的温度条件下，当添加 10%的钼核时，就会有相对较少数量的核心和相对较高含量的 $MoO_2$，这将促进钼核的生长；当添加 40%的钼核时，会有相对较多数量的钼核心和相对低含量的 $MoO_2$，钼颗粒的生长受到限制。综上所述，通过添加钼核辅助氢气还原 $MoO_2$，可以成功制备尺寸可控的钼粉。

添加钼核的尺寸对产物粒度和形貌有着很大的影响，如图 3-6 和图 3-7 所示。当添加粒径为 2.03μm 的商业钼粉时，可以制备出粒径为 2.11～3.25μm 的微米级钼粉；而添加粒径为 170nm 的超细钼粉时，可以制备出 0.28～0.88μm 的超细钼粉。其中的原因是，超细钼粉的粒径仅有商业钼粉的 1/10，在同样添加量的情况下，超细钼核的数量将是商业钼核的 1000 倍。因此，添加的钼核的粒径越小、数量越多，所制备钼粉的尺寸也就越小。

此外，温度对于产物的粒度和形貌也有着很重要的影响[11]。钼颗粒的长大不仅可以依靠原子沉积长大，还可以通过 Oswald 熟化的方式生长[12]。当温度较低时，低的反应速率导致生成低浓度的水蒸气和 $MoO_2(OH)_2$，小颗粒钼也可以稳定存在，此时钼颗粒的数量较多、粒径较小；当温度升高时，反应速率增加导致生成更高浓度的水蒸气和 $MoO_2(OH)_2$，小颗粒钼无法稳定存在并将重新溶解，同时被还原沉积在较大的颗粒上，此时钼颗粒的数量较少、粒径较大。因此，随着温度的升高，钼颗粒的尺寸也随之增加。

结合以上分析，可以得到如图 3-9 所示的反应机理图，图中分别描述了纯 $MoO_2$ 和添加核心辅助两种情况的机理。

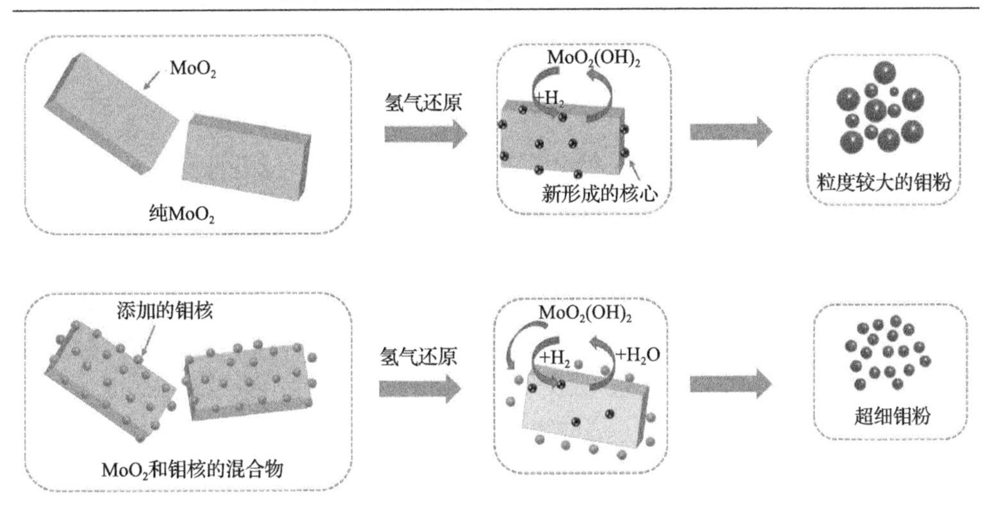


图 3-9 Mo 核心辅助氢气还原 $MoO_2$ 反应机理示意图

## 参 考 文 献

[1] Schulmeyer W V, Ortner H M. Mechanisms of the hydrogen reduction of molybdenum oxides[J]. International Journal of Refractory Metals and Hard Materials, 2002, 20: 261-269.

[2] Wang L, Zhang G H, Wang J S, Chou K C. Study on hydrogen reduction of ultrafine $MoO_2$ To produce ultrafine Mo[J]. The Journal of Physical Chemistry C, 2016, 120: 4097-4103.

[3] Sun G D, Wang K F, Ji X P, et al. Preparation of ultrafine/nano Mo particles via NaCl-assisted hydrogen reduction of different-sized $MoO_2$ powders[J]. International Journal of Refractory Metals and Hard Materials, 2019, 80: 243-252.

[4] Dang J, Zhang G H, Chou K C. A morphological study of the reduction of $MoO_2$ powders with hydrogen[J]. High Temperature Materials and Process, 2015, 34: 417-424.

[5] Majumdar S, Sharma I, Samajdar I, et al. Kinetic studies on hydrogen reduction of $MoO_3$ and morphological analysis of reduced Mo powder[J]. Metallurgical and Materials Transactions B, 2008, 39: 431-438.

[6] Lassner E, Schubert W D. Properties, Chemistry, Technology of the Element, Alloys, and Chemical Compounds[M]. New York: Plenum Publishers, 1999: 124, 125.

[7] Wang Y, He J, Liu C, et al. Thermodynamics versus kinetics in nanosynthesis[J]. Angewandte Chemie International Edition, 2015, 54: 2022-2051.

[8] Swihart M T. Vapor-phase synthesis of nanoparticles[J]. Current Opinion in Colloid & Interface Science, 2003, 8: 127-133.

[9] Lee J, Yang J, Kwon S G, et al. Nonclassical nucleation and growth of inorganic nanoparticles[J]. Nature Reviews Materials, 2016, 1(8): 16034.

[10] Wang Y, He J, Liu C, et al. Thermodynamics versus kinetics in nanosynthesis[J]. Angewandte Chemie International Edition, 2015, 54(7): 2022-2051.

[11] Sun G D, Zhang G H, Chou K C. Seeded growth synthesis of W nanoparticles in reduction process of $WO_2$ by hydrogen[J]. Journal of Alloys and Compounds, 2020, 819: 153371.

[12] Thanh N T K, Maclean N, Mahiddine S. Mechanisms of nucleation and growth of nanoparticles in solution[J]. Chemical Reviews, 2014, 114(15): 7610-7630.

# 4 氢气还原超细氧化钼制备超细钼粉

从前两章的研究中可以看到，以高纯 $MoO_2$ 作为钼源，在氢气还原的过程通过添加一定的核心以辅助形核，可成功制备超细钼粉。而当前工业生产钼粉一般从辉钼矿开始，首先通过浮选等方法得到较纯净的辉钼精矿；通过多膛炉或回转窑氧化焙烧得到工业级的 $MoO_3$（钼焙砂）；将钼焙砂用氨水浸出，通过一系列过滤、洗涤、干燥等操作，进而得到 $(NH_4)_2MoO_4$；然后将 $(NH_4)_2MoO_4$ 煅烧成 $MoO_3$；最后采用两段氢气还原法：首先在低温下（450～650℃）还原 $MoO_3$ 得到 $MoO_2$（一段还原）；然后在高温下（950～1100℃）进一步还原得到金属钼粉（二段还原）。

大多工业级 $MoO_3$ 颗粒的尺寸较大，有的超过 200μm，大小很不均匀。同时，杂质含量相对也比较高，因而极大地限制了它的应用。本章以工业级 $MoO_3$ 高温升华-低温冷凝后得到的超细 $MoO_3$ 为原料，经氢气还原制备超细 $MoO_2$，再通过氢气还原超细 $MoO_2$ 制备超细钼粉。同时，对超细 $MoO_3$ 和 $MoO_2$ 在还原过程中的反应机理和动力学做进一步详细的研究，以便对工业制备超细钼粉提供理论指导。

## 4.1 氢气还原超细 $MoO_3$ 制备超细 $MoO_2$

### 4.1.1 实验原料和方法

本章所使用的超细 $MoO_3$ 是通过对工业 $MoO_3$ 进行高温升华-低温冷凝所制备的。如图 4-1 所示为工业 $MoO_3$ 的 XRD 图谱。从图中可知其主相为 $MoO_3$。通过对比 PDF 卡片（标准卡片号：5-508）可知，该原料为稳定的正交 $MoO_3$ 相（$\alpha$-$MoO_3$）。利用 X 射线荧光光谱仪（XRF）分析其化学成分，结果如表 4-1 所示，从中可以看到除主要成分 $MoO_3$ 外，还含有一定量的杂质组分，如 3.24% $SiO_2$ 和 2.03% $Fe_2O_3$ 等。但由于杂质含量比较少，在 XRD 图谱中（图 4-1）显示不出来。如图 4-2 所示为工业 $MoO_3$ 的原始形貌，从图中可以看出，其具有非常明显的层状结构，每一个大的颗粒几乎都是由很多小的片状颗粒堆积而成。另外，原料颗粒的尺寸较大，部分高达 200μm，小的也有几十微米，大小很不均匀。

由于高温下 $MoO_3$ 的蒸气压较高，因此即使在温度低于其熔点（795℃）的条件下，$MoO_3$ 也会迅速地以三聚合分子 $(MoO_3)_3$ 的形态进入气相。因此，通过将工业

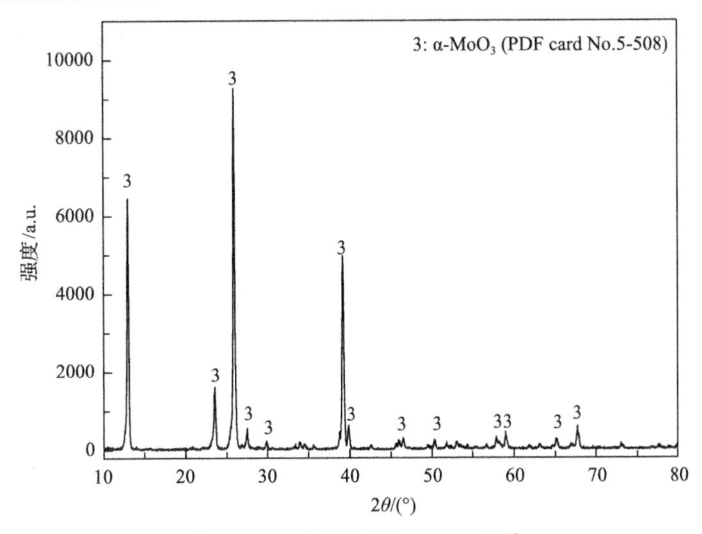


图 4-1　工业氧化钼的 XRD 图谱

**表 4-1　工业氧化钼的化学成分分析表**

| 成分 | $MoO_3$ | $SiO_2$ | $Fe_2O_3$ | $Al_2O_3$ | CaO | $K_2O$ |
|---|---|---|---|---|---|---|
| 质量分数/% | 92.47 | 3.24 | 2.03 | 0.7 | 0.4 | 0.35 |
| 成分 | MgO | PbO | CuO | $TiO_2$ | MnO | Cl |
| 质量分数/% | 0.13 | 0.1 | 0.1 | 0.06 | 0.04 | 0.4 |

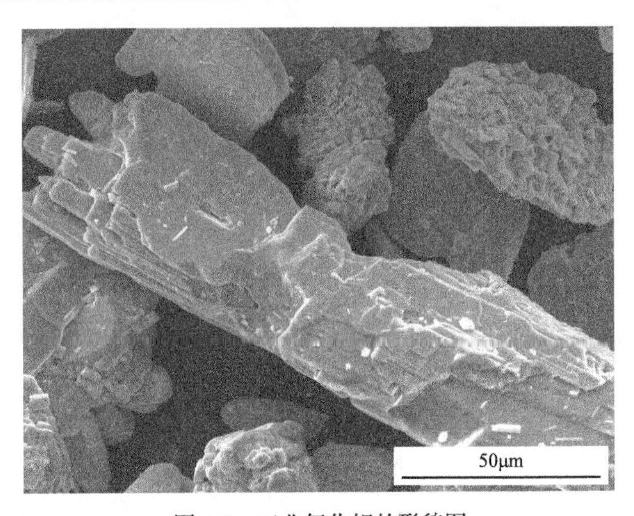


图 4-2　工业氧化钼的形貌图

$MoO_3$ 在高温炉(1050℃)内加热，利用真空泵将 $MoO_3$ 蒸气沿固定的方向流动，可使 $MoO_3$ 蒸气在指定的耐高温布袋内得以收集，其 XRD 图谱和微观形貌分别如

图 4-3 和图 4-4 所示。由图可知，收集到的物相是一种不同于普通正交三氧化钼($\alpha$-$MoO_3$)的单斜三氧化钼($\beta$-$MoO_3$；PDF 标准卡片号：47-1081)，其产物基本都由球形形貌的颗粒组成，表面光滑，分散性比较好。因此，通过对工业 $MoO_3$ 进行高温升华-低温冷凝处理，成功制备了高纯、超细 $MoO_3$。

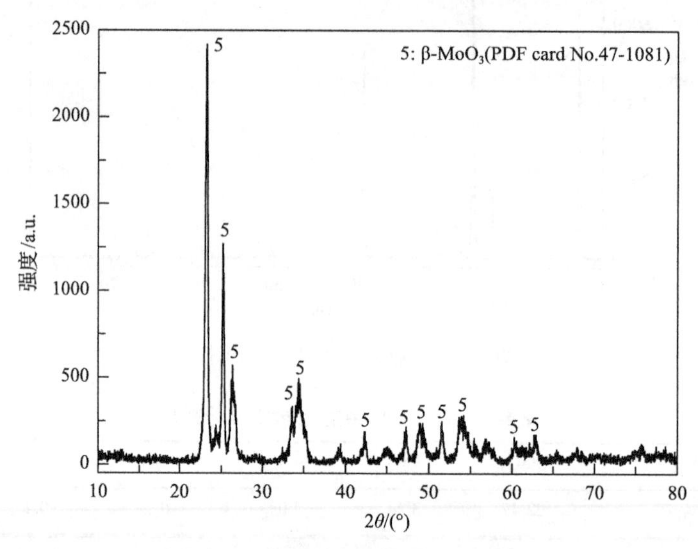


图 4-3　超细 $MoO_3$ 的 XRD 图谱

图 4-4　1050℃所收集产物($\beta$-$MoO_3$)的形貌

以上述方法制备得到的超细 $MoO_3$ 为钼源，探索通过氢气还原法制备超细钼粉的工艺。为了探究氢气还原超细 $MoO_3$ 的反应动力学和还原机理，有必要对其质量随时间的变化进行连续分析。使用差热分析仪进行实验，首先将大约 40mg 的 $MoO_3$ 样品放在氧化铝坩埚中，通入 60mL/min 的氩气进行排空，然后炉子以 10℃/min 的升温速率从室温升至指定的还原温度(490℃、500℃、520℃、540℃和

560℃；后续补加 440℃和 480℃)。待温度达到所需温度并且稳定之后，将保护气体氩气切换为还原气体氢气，待样品质量不再变化后，将还原气体氢气再切换回保护气体氩气，然后将炉子迅速降至室温。

### 4.1.2 实验结果

#### 4.1.2.1 恒温反应动力学曲线

实验样品的实际失重率($W_t$)可由式(4-1)来计算，即

$$W_t = \frac{m_0 - m_t}{m_0} \times 100\% \tag{4-1}$$

式中，$m_0$ 为 $MoO_3$ 样品的初始质量，mg；$m_t$ 为 $MoO_3$ 样品反应一定时间 $t$ 之后剩余的质量，mg。

实验样品的反应进度($\alpha$)定义为样品在某一时间的实际失重率和理论失重率($W_{max}$)之比，即

$$\alpha = \frac{W_t}{W_{max}} \times 100\% \tag{4-2}$$

根据式(4-1)和式(4-2)，可以得出氢气还原 $MoO_3$ 至 $MoO_2$ 过程的恒温动力学曲线，如图 4-5 所示。由图可知，当温度≥500℃时，反应进度和反应时间几乎呈线性关系，并且温度越高，还原速率越快。然而，当温度稍微降低时，如 490℃，反应进度和时间的关系则呈 S 形曲线，和高温段不一致的是在反应的初始阶段，

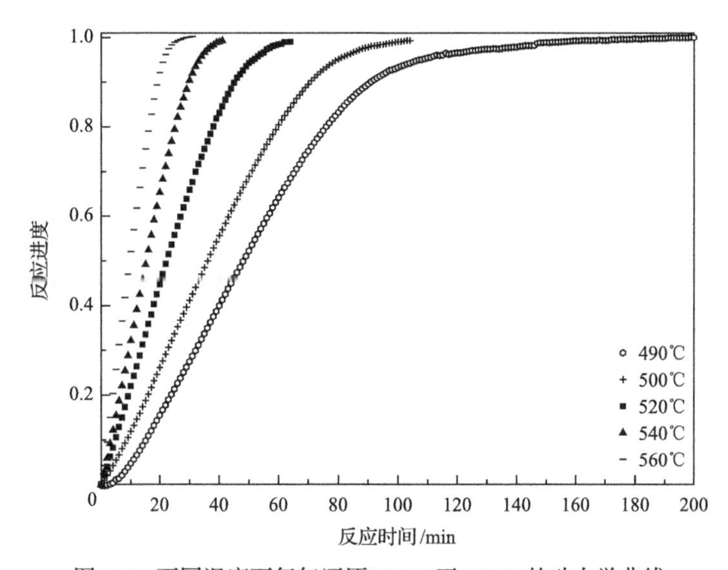


图 4-5 不同温度下氢气还原 $MoO_3$ 至 $MoO_2$ 的动力学曲线

曲线有一个明显的拐点。从反应动力学曲线的不同可以推断，低温(定义为≤490℃)和高温(定义为≥500℃)下氢气还原 $MoO_3$ 至 $MoO_2$ 的反应机理不同。这在后面的讨论部分会做进一步的分析。

#### 4.1.2.2　XRD 衍射分析

由图 4-5 可知，在低温和高温段的反应动力学曲线不一致，说明其中的反应机理不一样。但对于物相转变规律是否一致，并不能从图 4-5 得出结论。就此，本章在低温和高温段分别选取了两个温度进行中间产物的物相分析。图 4-6 是在低温(440℃)下氢气还原 $MoO_3$ 至 $MoO_2$ 过程中的中间产物的 XRD 衍射图谱，从图中可以看出，低温(440℃)下，当反应进度为 0.331 时，此时的物相主要由 α-$MoO_3$、$Mo_4O_{11}$ 和 $MoO_2$ 组成，其中 $Mo_4O_{11}$ 是中间产物且在此反应进度下的含量比较高；当反应完全时，物相主要为 $MoO_2$，$MoO_3$ 和 $Mo_4O_{11}$ 消失。当温度为480℃，反应进度为 0.78 时，物相只有 $Mo_4O_{11}$ 和 $MoO_2$，反应物 $MoO_3$ 完全消失；继续增加反应时间，只存在 $Mo_4O_{11}$ 还原为 $MoO_2$ 的反应；当完全还原时，最终产物全为 $MoO_2$，如图 4-7 所示。从低温段的实验结果可知，在低温下氢气还原 $MoO_3$ 至 $MoO_2$ 的过程中，会出现一个中间物相 $Mo_4O_{11}$，也就是说 $MoO_3$ 是先被还原为 $Mo_4O_{11}$(一段还原)；一旦出现 $Mo_4O_{11}$，其会继续被还原为 $MoO_2$(二段还原)直至反应完全。

高温下(520℃)，氢气还原 $MoO_3$ 至 $MoO_2$ 中间产物的物相分析结果如图 4-8 所示。当反应进度为 0.346 时，此时样品的物相主要由 α-$MoO_3$、$Mo_4O_{11}$ 和 $MoO_2$

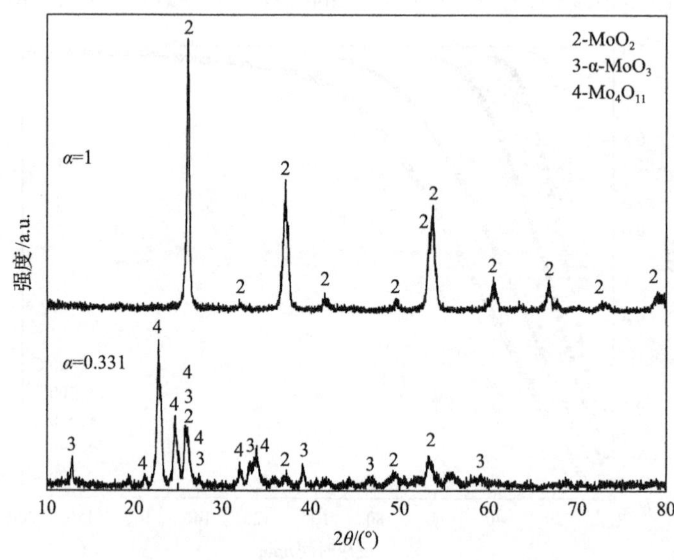


图 4-6　低温下(440℃)氢气还原 $MoO_3$ 至 $MoO_2$ 中间产物的 XRD 衍射图谱

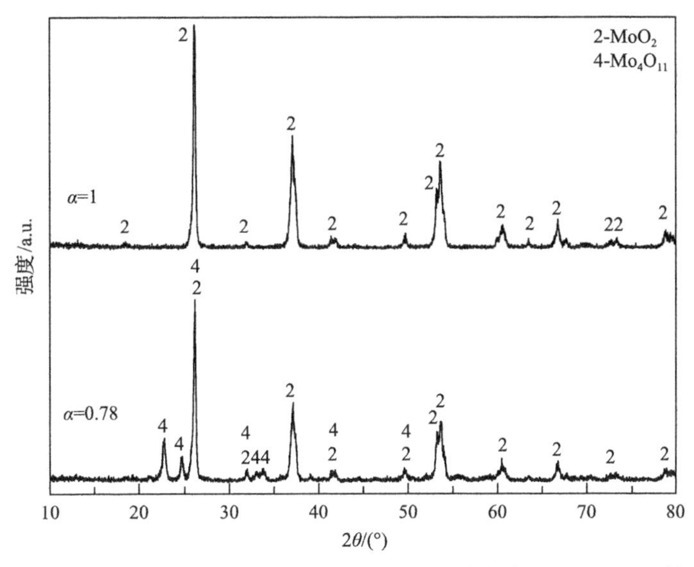


图 4-7　低温下(480℃)氢气还原 $MoO_3$ 至 $MoO_2$ 中间产物的 XRD 衍射图谱

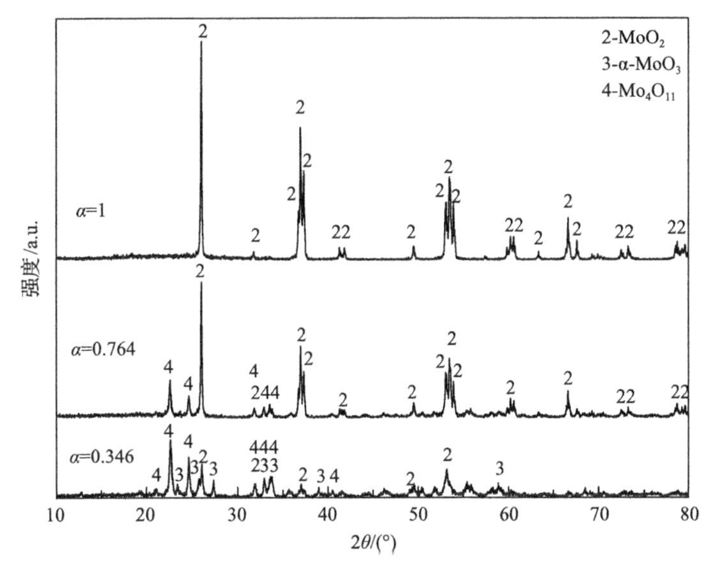


图 4-8　高温下(520℃)氢气还原 $MoO_3$ 至 $MoO_2$ 中间产物的 XRD 衍射图谱

组成，这和低温下(440℃)反应进度为 0.331 的结果相一致；当反应进度增至 0.764 时，此时产物物相主要由 $Mo_4O_{11}$ 和 $MoO_2$ 两相组成，$MoO_3$ 完全消失，这和低温下(480℃)反应进度为 0.78 的结果相一致；当完全反应时，物相主要为最终产物 $MoO_2$。继续增加反应温度至 540℃，结果和其他温度相似，如图 4-9 所示。从图 4-9 可知，原料 $MoO_3$ 的峰是逐渐减少直至最后完全消失，中间产物 $Mo_4O_{11}$ 是先增加达到最高峰然后逐渐减少直至消失，最终产物全是 $MoO_2$。从低温和高温段样品反应的中间产物的 XRD 图谱结果可知，氢气还原 $MoO_3$ 至 $MoO_2$ 的反应过程中其物相转变规律是相一致的，都是 $MoO_3$ 先被还原为 $Mo_4O_{11}$（一段还原）；一旦出现 $Mo_4O_{11}$ 时，其会继续被还原成 $MoO_2$（二段还原），这两个阶段同时进行。只有当 $MoO_3$ 完全消失时，才只有 $Mo_4O_{11}$ 被还原为 $MoO_2$ 的单一反应发生。具体的临界转换结点将在后面的讨论部分做进一步的分析。从这 4 个温度的 XRD 分析结果也不难发现，因为反应温度比较高，在反应的过程中，单斜的 β-$MoO_3$ 会逐渐转变为稳定的正交相 α-$MoO_3$。

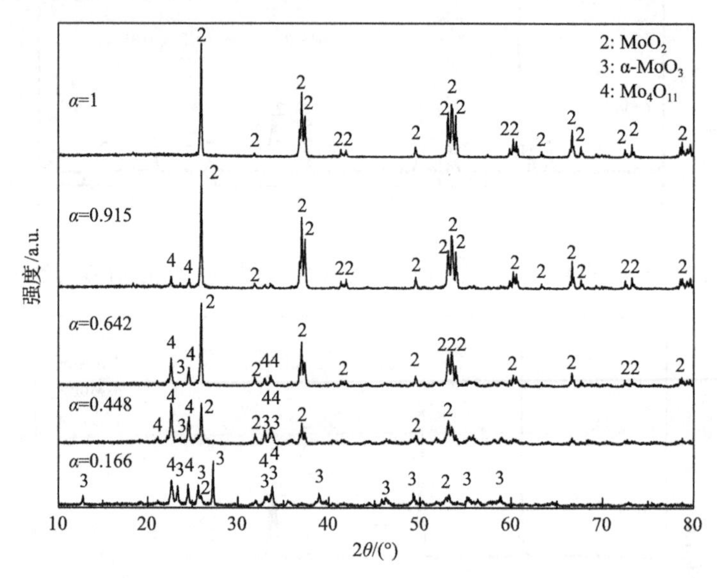


图 4-9 高温下(540℃)氢气还原 $MoO_3$ 至 $MoO_2$ 中间产物的 XRD 衍射图谱

#### 4.1.2.3 微观形貌检测

1) 反应温度的影响

为了研究温度对最终获得的 $MoO_2$ 形貌的影响，本节在 5 个不同温度(440℃、480℃、520℃、540℃和 560℃)下，对最终产物的形貌分别进行了检测，结果如图 4-10 所示。从图中可以看出，当温度为 440℃时，获得的超细 $MoO_2$ 颗粒几乎全部呈现球形或椭球形形貌，和 $MoO_3$ 原料的起始形貌非常相似，并且此时的颗粒大小和原始 $MoO_3$ 也几乎相等，如图 4-10(a)所示。当温度增加至 480℃时，获得的 $MoO_2$ 颗粒既有球形或椭球形形貌，也有片状形貌；并且球形形貌的颗粒表面产生了部分裂纹，有演变成片状的趋势，如图 4-10(b)所示。继续增加反应温度至 520℃，此时获得的 $MoO_2$ 颗粒几乎全部呈现片状形貌或骨架结构，颗粒较小，如图 4-10(c)所示。当反应温度为 540℃或更高时，获得的 $MoO_2$ 颗粒也全部呈现片状形貌。对比这 5 个不同温度的形貌图可以发现，当温度较低时(如 440℃)，

$MoO_2$ 颗粒以球形形貌存在；当温度较高时(＞520℃)，$MoO_2$ 颗粒以片状形貌存在，并且温度越高，$MoO_2$ 的颗粒越大，这是因为温度越高越有助于颗粒的长大。然而，当温度介于两者之间(如 480℃)时，$MoO_2$ 颗粒既有球形形貌又有片状形貌。

(a) 440℃　(b) 480℃　(c) 520℃　(d) 540℃　(e) 560℃

图 4-10　氢气在不同温度下完全还原超细 $MoO_3$ 获得 $MoO_2$ 的微观形貌图

2) 540℃时不同反应进度的产物的形貌

前面介绍的是温度对最终产物 $MoO_2$ 形貌的影响，但对单个超细球形 $MoO_3$ 颗粒来说，随着还原反应的进行，产物形貌又是如何演变的呢？图 4-11 是超细

(a) $\alpha=0.166$　(b) $\alpha=0.642$

(c) $\alpha=0.915$　(d) $\alpha=1$

(e) $\alpha=0.642$　(f) $\alpha=1$

图 4-11　540℃下氢气还原超细 $MoO_3$ 在不同反应进度时获得产物的微观形貌图
(图(a)～图(d)是通过高倍 FE-SEM 获得的形貌；图(e)和图(f)是通过低倍 FE-SEM 获得的形貌)

$MoO_3$ 在 540℃下随着反应进度的增加，产物形貌的演变过程。当反应进度为 0.166 时，球形 $MoO_3$ 逐渐被还原，球形颗粒逐渐减少，并且有片状化的趋势，如图 4-11(a)所示。继续增加反应时间，当反应进度达到 0.642 时，此时只有少量的球形颗粒存在，大部分产物呈现出片状形貌，如图 4-11(b)所示。当反应进度达到 0.915 或完全还原时，此时产物都以片状形貌存在，球形颗粒完全消失，如图 4-11(c)和图 4-11(d)所示。然而，在低倍 FE-SEM 下，可以发现所有产物都会有一定程度的团聚现象，如图 4-11(e)和图 4-11(f)所示，具体的团聚机理将在后面的讨论部分做进一步的分析。

3)低温下不同反应进度的产物的微观形貌

图 4-12(a)和图 4-12(b)是在 440℃且反应进度为 0.331 时获得的一些特殊的 FE-SEM 照片。从中可以看出，在较大的颗粒表面存在着一些细小的核心，这些小核心是由生成的气相传输相从内向外扩散至样品表面形成的，并且可以看出无孔的球形原料逐渐演变为多孔的反应产物，颗粒表面由光滑逐渐变得粗糙，这说明氢气是从 $MoO_3$ 颗粒表面逐渐向内部反应的，多孔也是由脱氧导致的，产物呈现出菜花式形貌或多层结构。由图 4-6 可知，此时反应产物的主要成分为 $Mo_4O_{11}$，因此可以推测出这些细小的小核心为中间产物 $Mo_4O_{11}$；也就是说，此时 $Mo_4O_{11}$ 呈现球形形貌，这和 $MoO_3$ 的原始形貌和最终产物 $MoO_2$ 的形貌相一致。图 4-12(c)是在 480℃且反应进度为 0.78 时获得的局部特殊形貌，从中可以看出，产物主要呈现出球形或椭球形形貌，而没有发现其他形貌存在。由图 4-7 可知，此时的物相

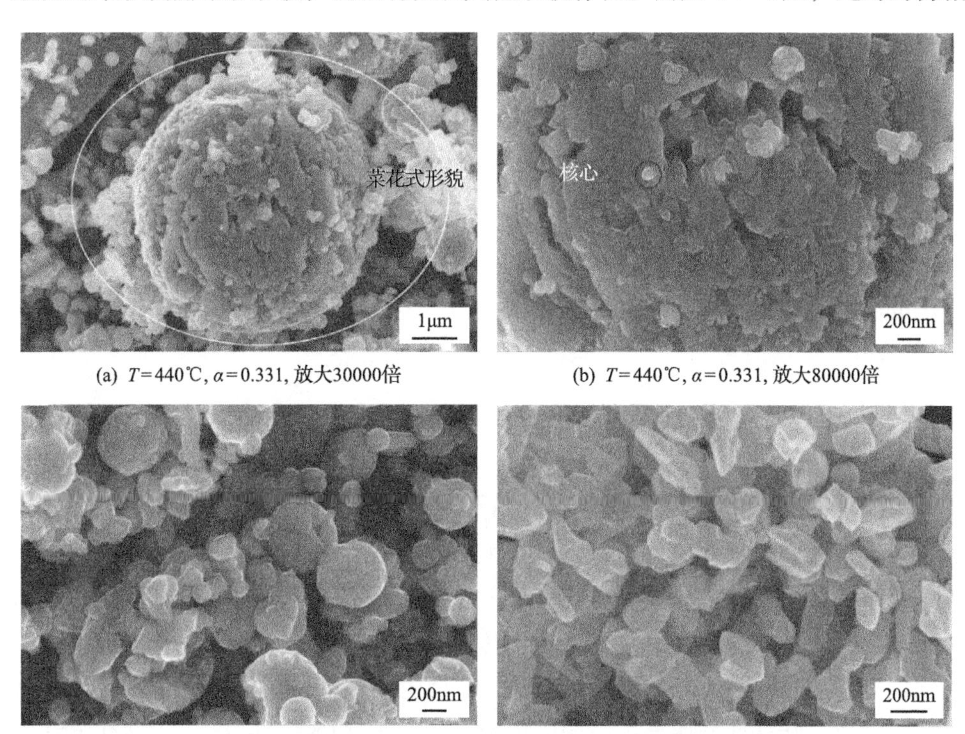


(a) $T=440℃, \alpha=0.331$, 放大30000倍

(b) $T=440℃, \alpha=0.331$, 放大80000倍

(c) $T=480℃, \alpha=0.78$

(d) $T=520℃, \alpha=0.764$

图 4-12 氢气还原超细 $MoO_3$ 在不同条件下获得产物的微观形貌图

主要为 $Mo_4O_{11}$ 和 $MoO_2$，这意味着 $Mo_4O_{11}$ 和 $MoO_2$ 在 480℃时具有相同的球形或椭球形形貌。同理，图 4-11(d)是在 520℃且反应进度为 0.78 时获得的局部特殊形貌，由图可知，此时的产物主要呈现片状形貌或骨架结构，没有其他形貌(如球形形貌)存在。由图 4-8 可以看出，此时的物相组成也主要为 $Mo_4O_{11}$ 和 $MoO_2$，这又意味着 $Mo_4O_{11}$ 和 $MoO_2$ 在 520℃具有相同的片状形貌。总之，从图 4-12 可以推出，在氢气还原超细 $MoO_3$ 制备 $MoO_2$ 的过程中，会出现中间产物 $Mo_4O_{11}$，最终产物 $MoO_2$ 的形貌取决于中间产物 $Mo_4O_{11}$；$MoO_2$ 总是保持着和中间产物 $Mo_4O_{11}$ 一致的形貌：低温下保持球形形貌，高温下保持片状形貌。

### 4.1.3 讨论

#### 4.1.3.1 反应机理分析

由上述的 XRD 结果(图 4-6～图 4-9)可知，在氢气还原 $MoO_3$ 的过程中，$MoO_3$ 首先被还原成中间产物 $Mo_4O_{11}$(一段还原)，一旦出现 $Mo_4O_{11}$，其会进一步被还原成最终产物 $MoO_2$(二段还原)，如方程式(4-3)和式(4-4)所示。这两段反应同时进行，同时发生，并且可知一段还原速率较快，二段还原速率较慢。作为中间产物，$Mo_4O_{11}$ 的含量随时间的变化有一个峰值。

$$4MoO_3 + H_2 = Mo_4O_{11} + H_2O \quad (4\text{-}3)$$

$$Mo_4O_{11} + 3H_2 = 4MoO_2 + 3H_2O \quad (4\text{-}4)$$

通过前面的动力学曲线和形貌分析可以知道，即便物相转变规律相同，但在低温和高温段的反应机理仍是不一致的。大量的研究者对氢气还原 $MoO_3$ 的反应机理进行了研究，目前提出两个比较可靠的路径：假晶转换机理和化学气相传输机理，即

$$MoO_3 \rightarrow TP_1(g) \rightarrow Mo_4O_{11} \rightarrow TP_2(g) \rightarrow MoO_2 \quad (4\text{-}5)$$

在本章的实验研究中，当温度为 440℃时，由于温度较低，氢气还原 $MoO_3$ 的反应速率较慢，产生的气相传输相($TP_1$ 和 $TP_2$，一般可写作 $MoO_2(OH)_2$)较少，蒸气压较低，并且迁移速率也较慢，这不利于化学气相传输机理的运行。因此，假晶转换机理将占据主导地位，故制备出的还原产物 $MoO_2$ 保持和 $MoO_3$ 原料相同的球形形貌，如图 4-9(a)所示。当温度高于 520℃时，情况则完全相反，由于温度较高，氢气还原 $MoO_3$ 的反应速率较快，产生的气相传输相 $MoO_2(OH)_2$ 较多，蒸气压较高，并且迁移速率也会相应地增大；由于 $MoO_2(OH)_2$ 相的饱和蒸气压大，故会形成较多的 $Mo_4O_{11}$ 和 $MoO_2$ 小核心；一旦形成细小的核心，另外一些新生的 $MoO_2(OH)_2$ 则会继续在它的边缘沉积，这使得核心有逐渐长成片状的趋势；

当反应完全时，这些小核心就会长成片状的 $MoO_2$ 颗粒，如图 4-10(c)～图 4-10(e)所示。因此，在高温下，氢气还原 $MoO_3$ 符合化学气相传输机理。然而当温度为480℃时，由于温度在 440～520℃，故氢气还原 $MoO_3$ 的反应速率、气相传输相的饱和蒸气压和气相迁移速率也介于由假晶转变机理和化学气相传输主导的情况之间，因此假晶转换机理和化学气相传输机理将会同时发挥作用，故在此温度下形成的 $MoO_2$ 颗粒既有球形形貌又有片状形貌，如图 4-10(b)所示。

另外，由于氢气还原 $MoO_3$ 至 $MoO_2$ 的过程属于放热反应，在反应的过程中，会放出大量的热量，这会增加样品局部的反应温度。温度越高，反应放出的热量就越多。当反应放出的热量使样品的局部温度高于 $MoO_3$ 的熔点(795℃)时，$MoO_3$ 将会熔化从而导致样品产生黏结现象。对比图 4-10(c)～图 4-10(e)，温度越高，黏结现象越严重，制备出 $MoO_2$ 的颗粒越大。同时，由于在还原过程中，会出现中间产物 $Mo_4O_{11}$，而大量的研究报告都证明了 $Mo_4O_{11}$ 和 $MoO_3$ 会形成低熔点共晶体，而此共晶体又具有更低的熔点(550～600℃)，这更会导致黏结和团聚现象的发生。因此可以得出结论，样品团聚和黏结现象是由局部温度的升高和低熔点共晶体的形成共同作用的，这和 Enneti 和 Wolfe[1]的研究结果非常吻合。

#### 4.1.3.2　动力学模型的建立

从图 4-5 可以看出，在低温下(490℃)获得的反应动力学曲线和高温下(＞500℃)获得的动力学曲线不太一致，这表明低温和高温的反应动力学机理不一样。在我们以前的工作中[2]，通过研究氢气还原 $MoO_3$ 至 $MoO_2$ 的反应动力学，发现当温度为 462～500℃时，增加部分 $MoO_2$ 核心，还原速率明显增加，说明此时形核与核心长大的机理发挥作用；然而在高温(524～556℃)下增加部分 $MoO_2$ 核心，影响则很小，这也更加表明低温和高温段的反应机理不一样。为了研究方便，本章在温度 500～560℃下对氢气还原超细 $MoO_3$ 至 $MoO_2$ 的反应过程进行动力学分析。

根据前面的分析可以知道，在氢气还原 $MoO_3$ 至 $MoO_2$ 的过程中，有中间产物 $Mo_4O_{11}$ 的生成，还原过程由两段反应组成：一段为 $MoO_3$ 被还原至 $Mo_4O_{11}$，二段为 $Mo_4O_{11}$ 被还原至 $MoO_2$。由双界面反应模型[2]可知，总反应进度 $\alpha$ 可由分段反应进度 $\alpha_1$ 和 $\alpha_2$ 通过加权而获得，即

$$\alpha = \varepsilon_1\alpha_1 + \varepsilon_2\alpha_2 \tag{4-6}$$

式中，$\alpha$ 为总反应进度；$\alpha_1$ 为一段还原反应进度；$\alpha_2$ 为二段还原反应进度；$\varepsilon_1$ 为一段还原重量因子，取 0.25；$\varepsilon_2$ 为二段还原重量因子，取 0.75。

表 4-2 罗列了一些常用的气固反应动力学机理函数，这些函数广泛地应用于处理各种气固反应动力学[3-15]。

**表 4-2 常用的气固反应动力学模型机理函数**

| | 模型 | 积分式 $g(\alpha)=kt$ | 显示解 $\alpha$ |
|---|---|---|---|
| 收缩几何模型 | 1. Contracting area (R2) | $1-(1-\alpha)^{1/2}$ | $\alpha=1-(1-kt)^2$ |
| | 2. Contracting volume (R3) | $1-(1-\alpha)^{1/3}$ | $\alpha=1-(1-kt)^3$ |
| 扩散模型 | 3. Jander equation (2D, $n$=1/2) | $[1-(1-\alpha)^{1/2}]^{1/2}$ | $\alpha=1-[1-(kt)^2]^2$ |
| | 4. Jander equation (2D, $n$=2) | $[1-(1-\alpha)^{1/2}]^2$ | $\alpha=1-[1-(kt)^{1/2}]^2$ |
| | 5. Jander equation (3D, $n$=1/2) | $[1-(1-\alpha)^{1/3}]^{1/2}$ | $\alpha=1-[1-(kt)^2]^3$ |
| | 6. Jander equation (3D, $n$=2) | $[1-(1-\alpha)^{1/3}]^2$ | $\alpha=1-[1-(kt)^{1/2}]^3$ |
| 形核和生长模型 | 7. Power law (P2) | $\alpha^{1/2}$ | $\alpha=(kt)^2$ |
| | 8. Power law (P3) | $\alpha^{1/3}$ | $\alpha=(kt)^3$ |
| | 9. Avrami-Erofe'ev (A1.5) | $[-\ln(1-\alpha)]^{2/3}$ | $\alpha=1-\exp[-(kt)^{3/2}]$ |
| | 10. Avrami-Erofe'ev (A2) | $[-\ln(1-\alpha)]^{1/2}$ | $\alpha=1-\exp[-(kt)^2]$ |
| | 11. Avrami-Erofe'ev (A3) | $[-\ln(1-\alpha)]^{1/3}$ | $\alpha=1-\exp[-(kt)^3]$ |
| | 12. Avrami-Erofe'ev (A4) | $[-\ln(1-\alpha)]^{1/4}$ | $\alpha=1-\exp[-(kt)^4]$ |

在表 4-2 中，系数 $k$ 为反应速率常数，并且 $k$ 可由 Arrhenius 公式确定，即

$$k = A\exp\left(-\frac{\Delta E}{RT}\right) \tag{4-7}$$

式中，$k$ 为反应速率常数，$\text{min}^{-1}$；$A$ 为指前因子(频率因子)，$\text{min}^{-1}$；$\Delta E$ 为表观活化能，J/mol；$R$ 为理想气体常数，8.314J/(mol·K)；$T$ 为绝对温度，K。

把方程式(4-7)和表 4-2 中的不同机理函数代入方程式(4-6)中，可以获得不同的反应动力学方程。通过将不同的动力学方程分别与实验的原始数据进行拟合，效果最好的可作为本研究的最佳反应机理模型，即最佳匹配拟合法。通过多次尝试之后，发现当使用化学反应模型 2 和扩散模型 5 分别描述一段和二段反应时，拟合效果最好。因此，总反应进度可由式(4-8)来表示，其中 1 和 2 分别表示一段和二段还原反应。

$$\alpha = \varepsilon_1\left\{1-\left[1-A_1\exp\left(-\frac{\Delta E_1}{RT}\right)t\right]^3\right\}+\varepsilon_2\left(1-\left\{1-\left[A_2\exp\left(-\frac{\Delta E_2}{RT}\right)t\right]^2\right\}^3\right) \tag{4-8}$$

采用方程式(4-8)对本实验的原始数据进行拟合，结果如图 4-13(a)所示。通过比较发现拟合的理论数据和实验的原始数据吻合得非常好，相关系数达到了0.999。当采用高温拟合时获得的各种参数(指前因子和活化能)对低温下(490℃)获得的动力学曲线进行分析时，发现拟合获得的理论值和实验值的差别较大，尤其是在反应的起始阶段，有一个明显的拐点，如图 4-13(b)所示，这很大可能是由低温下的形核因素引起的，这也进一步从理论上证明了低温和高温下的反应机理是不一致的。因此，氢气在高温下还原 $MoO_3$ 至 $MoO_2$ 的还原动力学方程可以表示为式(4-9)，即

$$\begin{aligned}\alpha &= 0.25\times\left\{1-\left[1-2.549\times10^{6}\exp\left(-\frac{122084}{RT}\right)t\right]^{3}\right\}\\&\quad+0.75\times\left(1-\left\{1-\left[5.759\times10^{5}\exp\left(-\frac{114769}{RT}\right)t\right]^{2}\right\}^{3}\right)\\&=1-0.25\times\left[1-2.549\times10^{6}\exp\left(-\frac{122084}{RT}\right)t\right]^{3}\\&\quad-0.75\times\left\{1-\left[5.759\times10^{5}\exp\left(-\frac{114769}{RT}\right)t\right]^{2}\right\}^{3}\end{aligned} \tag{4-9}$$

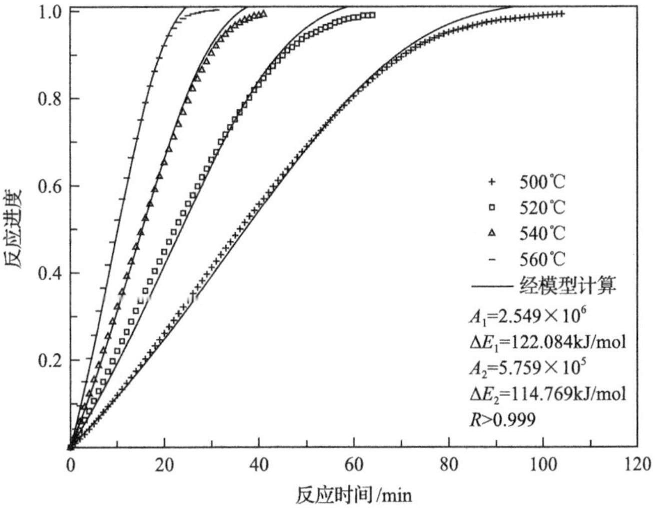

(a) 模型计算的理论结果

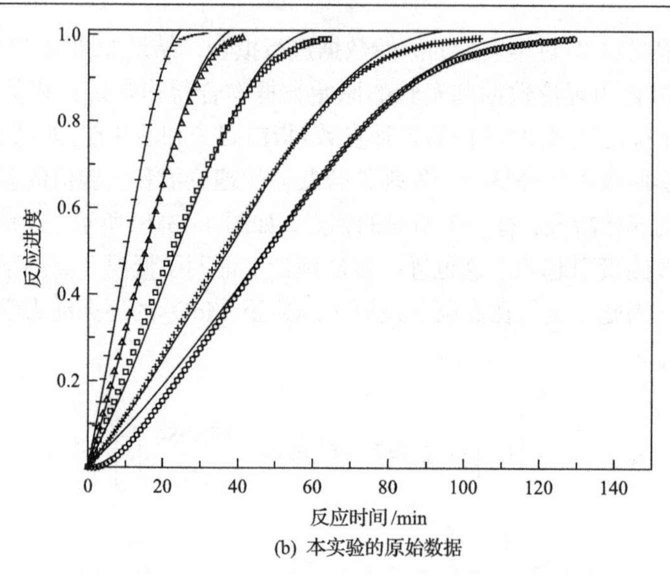

(b) 本实验的原始数据

图 4-13　采用模型计算的理论结果和本实验原始数据的对比图（$R$ 为相关系数）

从式(4-9)可知，在高温下氢气还原 $MoO_3$ 至 $Mo_4O_{11}$ 和 $Mo_4O_{11}$ 还原至 $MoO_2$ 的表观反应活化能分别为 122.084kJ/mol 和 114.769kJ/mol，这和文献在温度区间为 520～556℃获得的表观反应活化能(143.6kJ/mol 和 132.3kJ/mol)非常接近[2]。唯一不同的是文献[2]认为在一段还原($MoO_3$ 至 $Mo_4O_{11}$)时还原速率由化学反应模型 1 控制，而本实验得出的结果是由化学反应模型 2 控制，这与使用的 $MoO_3$ 原料有关。文献[2]是以片状的 $MoO_3$ 为原料，因此采用化学反应模型 1；而本实验是以球形的 $MoO_3$ 为原料，因此采用化学反应模型 2 更为合适。不管怎样，在高温下氢气还原 $MoO_3$ 至 $MoO_2$，一段还原和二段还原分别由界面化学反应模型和扩散模型控速。

#### 4.1.3.3　模型的应用

根据以上分析，可以认定氢气还原 $MoO_3$ 至 $MoO_2$ 的过程符合两段连续反应机理：$MoO_3$ 首先被还原成 $Mo_4O_{11}$，一旦出现 $Mo_4O_{11}$，其会进一步被还原成 $MoO_2$，如式(4-10)所示，即

$$MoO_3 \xrightarrow{\alpha_1} Mo_4O_{11} \xrightarrow{\alpha_2} MoO_2 \tag{4-10}$$

其中的反应进度 $\alpha_1$ 和 $\alpha_2$ 可分别由式(4-11)和式(4-12)来表示，并且在 0～1，即

$$\alpha_1 = 1 - \left[1 - 2.549 \times 10^6 \exp\left(-\frac{122084}{RT}\right)t\right]^3 \tag{4-11}$$

$$\alpha_2 = 1 - \left\{1 - \left[5.759 \times 10^5 \exp\left(-\frac{114769}{RT}\right)t\right]^2\right\}^3 \tag{4-12}$$

假设 $MoO_3$ 的起始质量为 1g，由于 $\alpha_1$ 和 $\alpha_2$ 分别为 $MoO_3$ 至 $Mo_4O_{11}$ 和 $Mo_4O_{11}$ 至 $MoO_2$ 的反应进度，则在还原一段时间 $t$ 之后，已反应的 $MoO_3$ 和未反应的 $MoO_3$ 的质量分别为 $\alpha_1$ 和 $(1-\alpha_1)$；进一步可以计算出生成的 $Mo_4O_{11}$ 的质量为 $\alpha_1 \cdot \frac{M_{Mo_4O_{11}}}{4M_{MoO_3}}$ g；由于一旦出现 $Mo_4O_{11}$，其会进一步被还原成 $MoO_2$，则经过时间 $t$ 之后，已反应和未反应的 $Mo_4O_{11}$ 的质量分别为 $\alpha_1 \cdot \frac{M_{Mo_4O_{11}}}{4M_{MoO_3}} \cdot \alpha_2$ 和 $\alpha_1 \cdot \frac{M_{Mo_4O_{11}}}{4M_{MoO_3}} \cdot (1-\alpha_2)$；此时，生成 $MoO_2$ 的质量为 $\alpha_1 \cdot \frac{M_{Mo_4O_{11}}}{4M_{MoO_3}} \cdot \alpha_2 \cdot \frac{4M_{MoO_2}}{M_{Mo_4O_{11}}}$。因此，在反应一段时间 $t$ 之后，样品中剩余的 $MoO_3$、$Mo_4O_{11}$ 和 $MoO_2$ 的质量可分别由式(4-13)、式(4-14)和式(4-15)来表示。

$$m_{MoO_3,t} = 1-\alpha_1 \tag{4-13}$$

$$m_{Mo_4O_{11},t} = \alpha_1 \cdot \frac{M_{Mo_4O_{11}}}{4M_{MoO_3}} \cdot (1-\alpha_2) = \frac{M_{Mo_4O_{11}}}{4M_{MoO_3}} \cdot \alpha_1 \cdot (1-\alpha_2) \tag{4-14}$$

$$m_{MoO_2,t} = \alpha_1 \cdot \frac{M_{Mo_4O_{11}}}{4M_{MoO_3}} \cdot \alpha_2 \cdot \frac{4M_{MoO_2}}{M_{Mo_4O_{11}}} = \frac{M_{MoO_2}}{M_{MoO_3}} \cdot \alpha_1 \cdot \alpha_2 \tag{4-15}$$

式中，$m$ 为反应一段时间 $t$ 之后残留样品的质量，g；$M$ 为 $MoO_3$、$Mo_4O_{11}$ 和 $MoO_2$ 的相对分子质量，g/mol。

把方程式(4-11)和式(4-12)分别代入方程式(4-13)～式(4-15)，则可以得出 $MoO_3$、$Mo_4O_{11}$ 和 $MoO_2$ 的质量随时间变化的具体表达式，即

$$m_{MoO_3,t} = \left[1-2.549\times10^6 \exp\left(-\frac{122084}{RT}\right)t\right]^3 \tag{4-16}$$

$$m_{Mo_4O_{11},t} = \frac{\alpha_1 M_{Mo_4O_{11}}}{4M_{MoO_3}}\left\{1-\left[5.759\times10^5 \exp\left(-\frac{114769}{RT}\right)t\right]^2\right\}^3 \tag{4-17}$$

$$\begin{aligned} m_{MoO_2,t} = & \frac{M_{MoO_2}}{M_{MoO_3}}\left\{1-\left[1-2.549\times10^6 \exp\left(-\frac{122084}{RT}\right)t\right]^3\right\} \\ & \times\left(1-\left\{1-\left[5.759\times10^5 \exp\left(-\frac{114769}{RT}\right)t\right]^2\right\}^3\right) \end{aligned} \tag{4-18}$$

根据式(4-16)～式(4-18)，可以得出在不同温度下 $MoO_3$、$Mo_4O_{11}$ 和 $MoO_2$ 的质量随时间变化的关系图，如图 4-14 所示。从图 4-14 可以更直观地看出，在不同的反应温度下，$MoO_3$ 的质量随时间的增加而逐渐减少，而 $MoO_2$ 的质量随时间的增加而逐渐增加；对于 $Mo_4O_{11}$，在反应的前段时间，质量随时间的增加而逐渐增加，当达到一个峰值之后，随时间的增加而又逐渐减少直至最后完全消失。以上结果与前面的 XRD 图 4-8 和图 4-9 非常吻合，互为呼应。

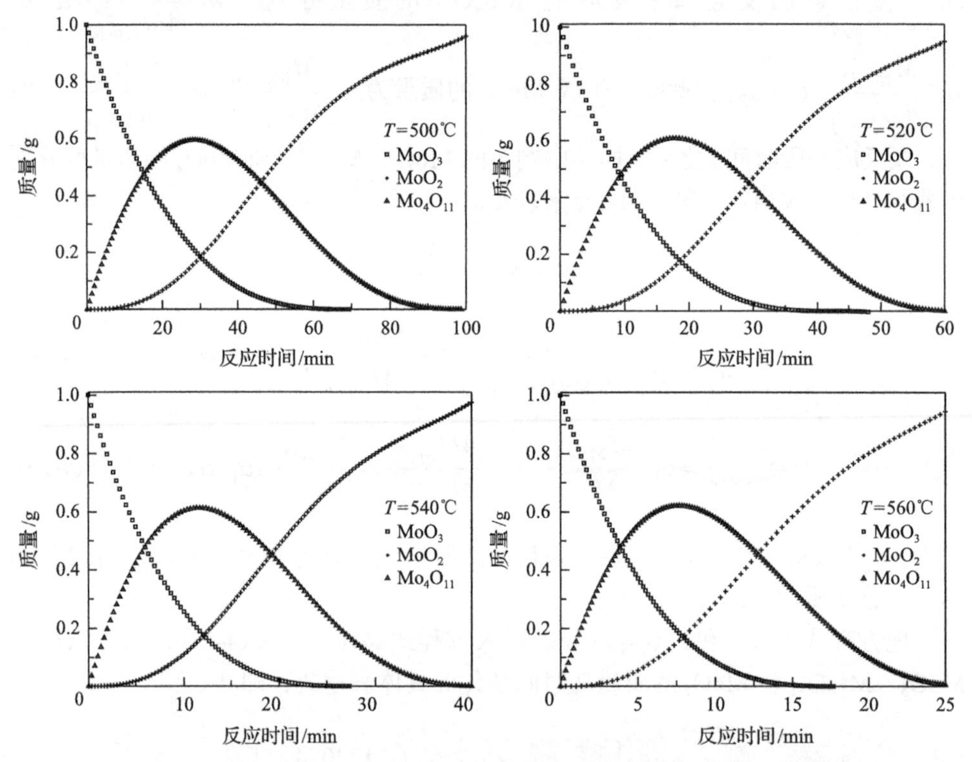


图 4-14　$MoO_3$、$Mo_4O_{11}$ 和 $MoO_2$ 在不同温度下质量随时间的变化关系图

从图 4-14 还可以发现，温度越高 $MoO_3$ 的还原速率越快，$MoO_3$ 的最终消失时间随着反应温度的升高而逐渐缩短。为了确定 $MoO_3$ 的具体消失时间，假设当 $MoO_3$ 的质量剩余 0.01g 时作为 $MoO_3$ 消失的临界点($MoO_3$ 的残留质量是总质量的 1%)，即

$$m_{MoO_3,t} = 0.01\text{g} \tag{4-19}$$

通过式(4-19)，可以计算出 $MoO_3$ 在不同温度下消失的临界时间点和相应的临界反应进度，结果如表 4-3 所示。从表 4-3 可以看出，即便 $MoO_3$ 最终消失的临界反应时间随着反应温度的增加而逐渐缩短，但是临界反应进度几乎保持在某一

个定值，约 0.7。由图 4-8 可以知道当温度为 520℃且反应进度为 0.764 时，反应产物只有 $Mo_4O_{11}$ 和 $MoO_2$，$MoO_3$ 完全消失；从图 4-9 可以知道当温度为 540℃且反应进度为 0.642 时，反应产物大部分是 $Mo_4O_{11}$ 和 $MoO_2$，$MoO_3$ 的量非常少；继续增加反应进度至 0.915，此时 $MoO_3$ 已完全消失。再者，根据更低温度(480℃)下的 XRD 结果(图 4-7)，可知当反应进度为 0.78 时，产物只有 $Mo_4O_{11}$ 和 $MoO_2$。结合实际值和理论值，发现实际计算的临界反应进度和理论计算值非常接近，这也说明假设的合理性。因此，可以认为 0.7 是 $MoO_3$ 消失的临界反应进度值，即当反应进度为 0～0.7 时，$MoO_3$、$Mo_4O_{11}$ 和 $MoO_2$ 三相共存，此时一段还原和二段还原同时进行；当反应进度为 0.7～1 时，反应产物只有 $Mo_4O_{11}$ 和 $MoO_2$，此时一段还原结束，二段还原仍在进行；当反应完全($\alpha$=1)时，反应产物只有 $MoO_2$。

**表 4-3 不同温度下 $MoO_3$ 的临界消失点和临界反应进度**

| 特征量 | 相应数值 | | | |
|---|---|---|---|---|
| 温度/℃ | 500 | 520 | 540 | 560 |
| 临界时间/min | 54.7 | 33.4 | 21.5 | 13.9 |
| 临界反应进度 $\alpha$ | 0.7001 | 0.7228 | 0.6974 | 0.7050 |

## 4.2 氢气还原超细 $MoO_2$ 制备超细钼粉

目前，工业仍以钼氧化物的氢气还原法为主生产钼粉。该方法成本低廉，易于实现工业化大规模生产，且产出的钼粉纯度较高。氢气还原 $MoO_2$ 是工业制备钼粉的最后一个环节，该环节直接影响最终产物(钼粉)的质量。本章采用 4.1 节制备的超细 $MoO_2$ 为原料，对它进行氢气还原以制备超细钼粉，并且对还原过程的动力学和机理进行详细的分析，为工业制备超细钼粉提供理论指导。

### 4.2.1 实验原料和方法

本节所使用的实验原料为 4.1 节中采用氢气在 540℃还原超细球形 $MoO_3$ 制备的超细 $MoO_2$ 粉末，其 XRD 图谱和 FE-SEM 照片分别如图 4-15 和图 4-16 所示。从图 4-15 可以看出，本实验所使用的原料为纯 $MoO_2$(PDF 标准卡片号：32-671)，没有发现其他杂质的衍射峰。另外，从 FE-SEM 照片(图 4-16)可知，本章采用的实验原料几乎呈片状形貌，并且颗粒的粒径非常细小(<1μm)。

由于本实验选用原料的颗粒非常细小，故反应温度势必会比普通 $MoO_2$ 要低。因此，在进行恒温实验之前，很有必要利用热重分析仪进行变温实验以确定恒温实验所适用的温度范围。

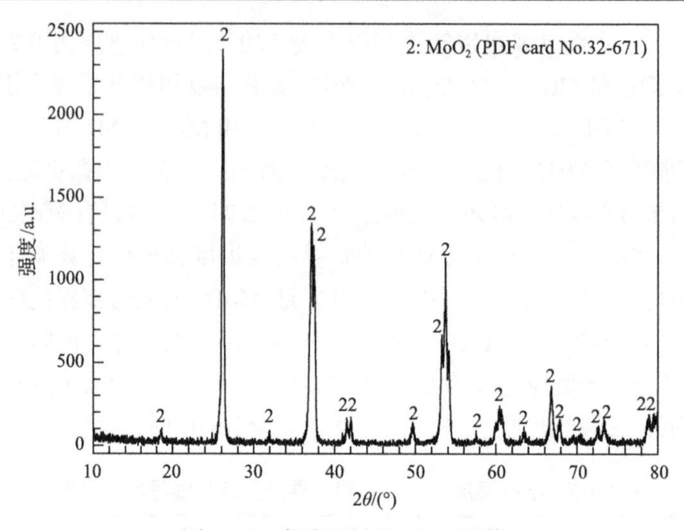


图 4-15　实验原料的 XRD 图谱

图 4-16　实验原料的 FE-SEM 照片

在进行变温实验时，首先将 40mg 的 $MoO_2$ 原料放入热重实验用的坩埚内，检查实验气密性完好之后，通入还原气体氢气。然后热重以不同的升温速率加热至指定的还原温度(1000℃)。在温度达到之后，热重以 20℃/min 的降温速率逐渐降至室温(保持氢气气氛)。在本变温实验中，主要研究 4 个不同的升温速率(5℃/min、10℃/min、15℃/min 和 20℃/min)对氢气还原 $MoO_2$ 的影响。

通过对变温实验的动力学数据进行分析，可以确定恒温反应的实验温度。本章主要研究以下 7 个不同的温度(590℃、600℃、610℃、650℃、700℃、750℃和 800℃)对氢气还原 $MoO_2$ 反应动力学和机理的影响。

### 4.2.2　实验结果

#### 4.2.2.1　变温 TG-DTA 曲线

图 4-17 是 $MoO_2$ 在不同升温速率下氢气还原的动力学曲线对比图。从图 4-17(a)

可以看出，即使升温速率不同，$MoO_2$ 的最终失重率都是相同的，约为 25%，这非常接近 $MoO_2$ 完全还原成金属钼的理论失重率(25.0117%)，如反应式(4-20)所示,这说明还原反应已经完成。从反应进度和反应温度的关系图 4-17(b)可以知道，超细 $MoO_2$ 的还原反应在大约 602℃时就已经很明显了，并且升温速率越低，开始反应的温度也越低。

$$MoO_2 + 2H_2 == Mo + 2H_2O \tag{4-20}$$

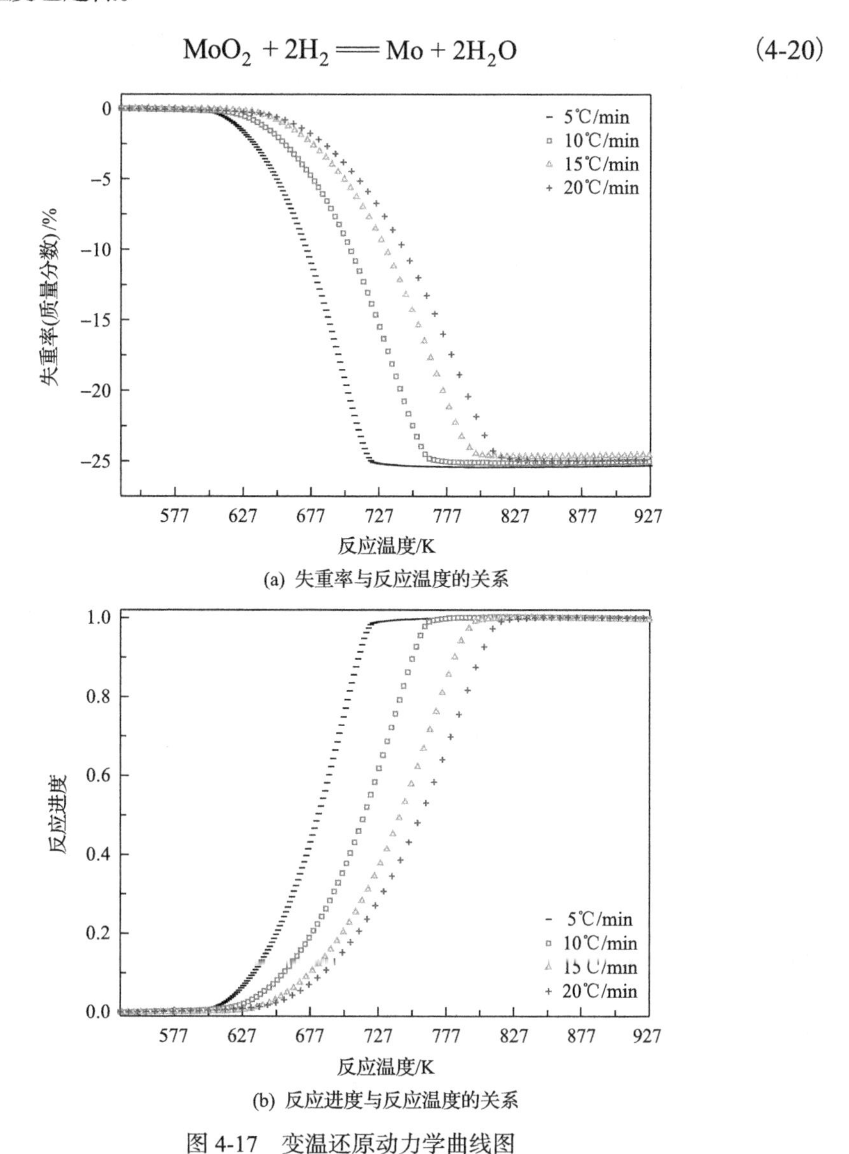


(a) 失重率与反应温度的关系

(b) 反应进度与反应温度的关系

图 4-17　变温还原动力学曲线图

图 4-18 是在 4 个不同升温速率下氢气还原超细 $MoO_2$ 的 DTA 曲线对比图。由图可知，4 个 DTA 曲线都有一个向下的峰，这说明氢气还原 $MoO_2$ 的反应是一

个吸热过程，每一个峰对应着在相应条件下的最快瞬时反应速率点。由此可知，升温速率为 5℃/min、10℃/min、15℃/min 和 20℃/min 的样品分别在温度为 704℃、734℃、763℃和 787℃时反应最快。在较低的温度和较高的温度时反应比较慢，这分别是由相对低的速率常数和样品的消耗造成的。只有当反应速率常数和未反应样品的量都比较高时，样品的还原速率才能达到最大值。同时从中发现，升温速率越低，样品的最佳反应速度点也越低，这是因为当升温速率比较慢时，样品在达到同一温度时所需的时间越长，也就意味着样品在达到同一温度时消耗的量也就越多。在更高的温度下，即使反应速率常数增大，但由于缺少足够的样品使其还原，因此反应速率会逐渐减缓。

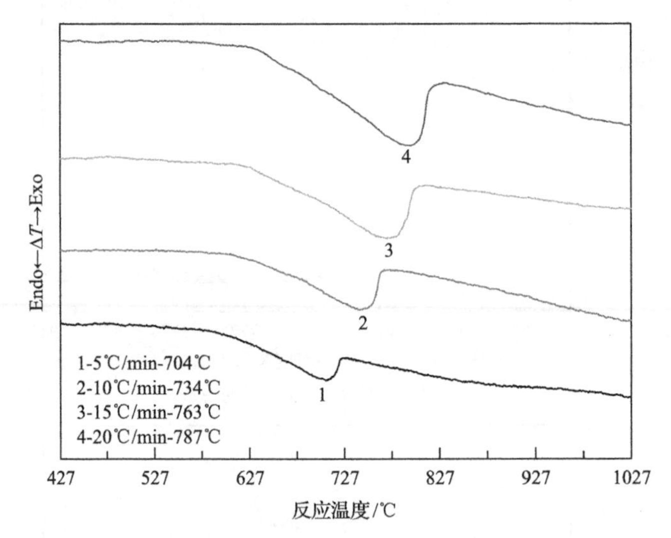


图 4-18　在 4 个不同升温速率下氢气还原超细 $MoO_2$ 的 DTA 曲线图

#### 4.2.2.2　恒温反应动力学曲线

图 4-19 是在 7 个不同的反应温度下氢气还原超细 $MoO_2$ 的反应动力学曲线对比图。由图 4-19(a)可知，在这 7 个不同的反应温度下，$MoO_2$ 的最终失重率几乎都是一致的并且非常接近完全还原时的理论失重率，即 25%，这意味着超细 $MoO_2$ 在这 7 个温度下都已还原完全。同时，随着温度的升高，$MoO_2$ 完全还原所用的时间逐渐减少，也就是说温度升高，还原速率增大。从图 4-19(a)和图 4-19(b)还可以看出，在高温下(650～800℃)的反应动力学曲线(方形区域)和在低温下(590～610℃)的反应动力学曲线(椭圆形区域)不太一致：高温时的反应进度与时间呈现明显的线性关系；然而，在低温下，反应进度与时间呈现典型的 S 形曲线。曲线分为三个不同的阶段：诱导期、加速期和衰减期，反应温度越低，诱导期也越长。高温和低温下反应动力学曲线的不同，意味着它们的反应机理不一致，这

在后面的讨论部分将会做详细的介绍。

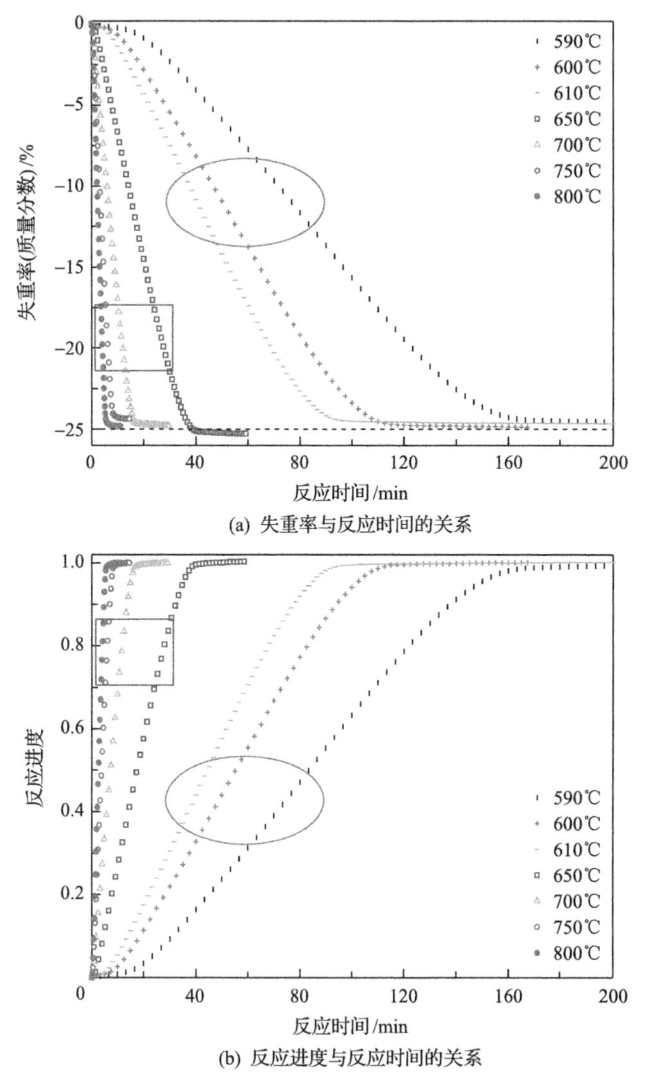


(a) 失重率与反应时间的关系

(b) 反应进度与反应时间的关系

图 4-19 超细 $MoO_2$ 在 7 个不同温度下的氢气还原动力学曲线

4.2.2.3 XRD 衍射分析

由图 4-18 可知，在高温和低温下氢气还原超细 $MoO_2$ 的反应机理不同，但对于它们之间的物相转变规律是否一致，并不能从中体现出来。为此，本章在高温和低温区分别选取了一个温度（750℃和 600℃），在不同反应时间-不同反应进度下对产物的物相分别进行了 XRD 分析，结果分别如图 4-20 和图 4-21 所示。由图 4-20 可知，当反应时间为 5min 时，$MoO_2$ 的还原进度就已经达到了 0.2161，此时出现

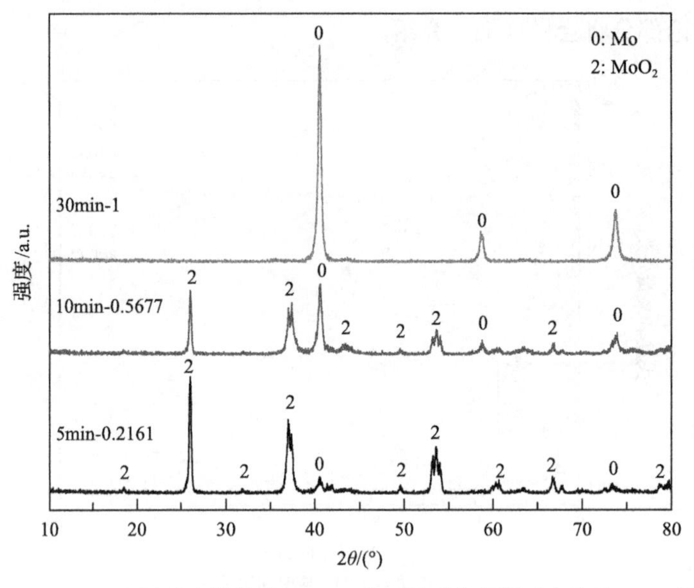


图 4-20 750℃下氢气还原超细 $MoO_2$ 在不同反应进度时产物的 XRD 图谱

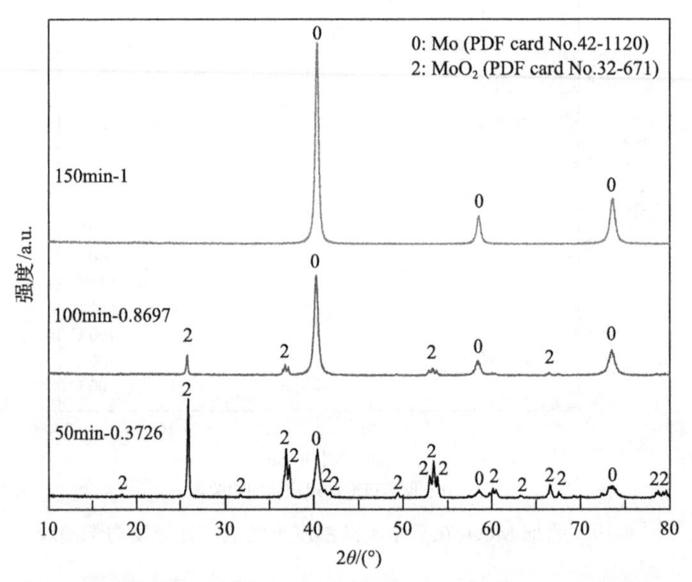


图 4-21 600℃下氢气还原超细 $MoO_2$ 在不同反应进度时产物的 XRD 图谱

了部分金属钼；当增加反应时间至 10min 时，$MoO_2$ 的还原进度高达 0.5677，产物中 $MoO_2$ 逐渐减少，钼逐渐增加；当继续增加反应时间至 30min 时，此时 $MoO_2$ 已经完全还原，产物全部变成金属钼。然而，在低温下，反应速率迅速下降，如图 4-21 所示，当反应时间高达 50min 时，$MoO_2$ 的还原进度也只有 0.3726；当增加反应时间到 100min 时，$MoO_2$ 仍未完全还原，此时还原进度为 0.8697；当反应时间增加到150min时，产物才全部转化成金属钼。也就是说，温度会影响氢气还原$MoO_2$的反应速率，但它们之间的物相转变规律都是一致的，$MoO_2$都是直接还原成金属钼，并没有出现任何中间产物。

#### 4.2.2.4　FE-SEM形貌分析

图4-19的恒温反应曲线有助于分析氢气还原超细$MoO_2$的还原动力学，并且可以推测出高温(650～800℃)和低温(590～610℃)下的还原动力学不太一致。然而，为了分析其还原机理，还有必要对其产物进行形貌分析。

图4-22是750℃下氢气还原超细$MoO_2$在不同反应进度下获得产物的FE-SEM形貌图。当反应时间为5min($\alpha$=0.2161)时，大的片状$MoO_2$颗粒周围呈现出许多小的球形钼颗粒，部分$MoO_2$颗粒出现了裂纹，如图4-22(a)所示。当继续增加反应时间至10min($\alpha$=0.5677)时，更多大的片状$MoO_2$颗粒被还原，并且细小的球形钼颗粒的数量逐渐增多，每一个细小的球形钼颗粒都是从大的片状$MoO_2$表面分离出来的，如图4-22(b)所示。当反应时间为30min时，由图4-20的XRD图谱可知，$MoO_2$还原完全($\alpha$=1)，此时产物全是金属钼，产物中大的片状$MoO_2$颗粒消失，取而代之的是细小的球形钼颗粒，如图4-22(c)所示。综上所述，以超细$MoO_2$为原料可以制备超细金属钼粉。

(a) $t$=5min, $\alpha$=0.2161

(b) $t$=10min, $\alpha$=0.5677

(c) $t$=30min, $\alpha$=1 ($t$为反应时间，$\alpha$为反应进度)

图4-22　750℃下氢气还原超细$MoO_2$在不同反应进度时产物的FE-SEM形貌图

($t$为反应时间，$\alpha$为反应进度)

在低温下(600℃)，氢气还原超细 $MoO_2$ 在不同反应时间和不同反应进度下获得产物的 FE-SEM 形貌图如图 4-23 所示。当反应时间为 50min($\alpha$=0.3726)时，产物的形貌基本保持了 $MoO_2$ 原样的骨架或树枝状结构，并且还发现在大的片状 $MoO_2$ 颗粒表面沉积了部分小的晶粒，这些晶粒可能是新形成的金属钼核心，如图 4-23(a)所示。当继续增加反应时间至 100min($\alpha$=0.8697)时，这些细小的核心变得更加致密，同时大的颗粒内部出现了裂纹和裂缝，也可以很清晰地观察到少量的晶须，如图 4-23(b)所示。当 $MoO_2$ 完全还原时，如图 4-23(c)所示，制备的金属钼呈现出和 $MoO_2$ 原料相同的片状形貌。唯一不同的是，此时获得的金属钼具有较多的裂纹和裂缝，这是由在还原过程中 $MoO_2$ 逐渐脱氧导致的，说明此时制备的超细金属钼粉具有较高的孔隙度。

(a) $t$=50min, $\alpha$=0.3726

(b) $t$=100min, $\alpha$=0.8697

(c) $t$=150min, $\alpha$=1($t$为反应时间，$\alpha$为反应进度)

图 4-23　600℃下氢气还原超细 $MoO_2$ 在不同反应进度时产物的 FE-SEM 形貌图
($t$ 为反应时间，$\alpha$ 为反应进度)

### 4.2.3　讨论

由上述实验结果可以得出氢气还原超细 $MoO_2$ 在高温(650～800℃)和低温(590～610℃)下的反应动力学和机理不一致，本节将对其做更深一步的剖析。

#### 4.2.3.1　反应机理分析

从前面的 FE-SEM 形貌分析可知，在不同的温度区间内，氢气还原超细 $MoO_2$

制备的超细钼粉具有不同的形貌，即高温下呈现细小的球形形貌(图 4-22)，而在低温下仍然保持着和 $MoO_2$ 原料相似的片状形貌(图 4-23)，这间接说明了它们的还原机理不一样。

目前，很多研究者对氢气还原 $MoO_2$ 的反应机理做了大量的研究。Schulmeyer 等[16]和 Dang 等[17]认为，在较高的氢气露点下($\tau>20$℃)，氢气还原 $MoO_2$ 的反应符合化学气相传输机理；然而，在较低的氢气露点下($\tau<-40$℃)下，反应服从假晶转换机理。在本实验的研究中，当温度较高时(750℃)，氢气还原 $MoO_2$ 的化学反应速率加快，产生水蒸气和中间气相传输相 $MoO_2(OH)_2$ 的速率也会变大，这和高露点产生的效果相一致；另外，从 750℃下获得的形貌图 4-22 可以看出，新形成的钼粉从 $MoO_2$ 颗粒表面逐渐转移到另一侧，然后在远离 $MoO_2$ 的其他位置形核并逐渐长大，这和化学气相传输机理非常吻合。因此，可以认为高温下氢气还原超细 $MoO_2$ 制备超细钼粉的过程符合化学气相传输机理，如式(4-21)所示，即

$$MoO_2\text{(颗粒)} \xrightarrow{H_2} TP\,(g) \xrightarrow{H_2} Mo\text{(球形晶粒)} \tag{4-21}$$

然而，当温度较低时(600℃)，氢气还原 $MoO_2$ 的化学反应速率减慢，单位时间内产生水蒸气和中间气相传输相 TP($MoO_2(OH)_2$)的速率也会变小，此时化学气相传输机理将不再发挥重要作用，反之假晶转换机理将会占据主导地位。另外，从 600℃下获得的超细钼粉的形貌图 4-23 可以看出，此时形成的金属钼粉保持和 $MoO_2$ 原料一致的片状形貌，由于在还原过程中 $MoO_2$ 原料逐渐脱氧导致此时的金属钼粉拥有较大的孔隙度。因此，可以认为低温下氢气还原超细 $MoO_2$ 制备超细钼粉的过程符合假晶转换机理。

总之，在采用氢气还原超细 $MoO_2$ 制备超细钼粉的过程中，当温度较高时(750℃)，反应符合化学气相传输机理，这非常有利于形成细小的金属钼颗粒。然而当温度较低时(600℃)，反应则符合假晶转化机理，产物大体保持 $MoO_2$ 原料的形貌。对比 4.1 节采用氢气还原 $MoO_3$ 制备 $MoO_2$ 的过程，高温下制备的 $MoO_2$ 呈现出和初始球形 $MoO_3$ 不同的片状形貌，反应符合化学气相传输机理；而在低温下制备的 $MoO_2$ 保持着和初始球形 $MoO_3$ 一致的球形形貌，反应符合假晶转换机理。由此可知，氢气还原超细 $MoO_3$ 或 $MoO_2$ 时，在高温下化学气相传输机理占主导地位。为了方便理解，在不同温度下的反应机理可以简要地用示意图 4-24 来表示。

#### 4.2.3.2 反应动力学分析

由前面的恒温反应动力学曲线图 4-18 可知，高温(650～800℃)和低温(590～610℃)下氢气还原超细 $MoO_2$ 制备超细钼粉的动力学曲线形状完全不一致：高温下呈线性关系，低温下呈 S 形形状。下面采用最佳模型拟合法来分析它们的化学反应动力学。

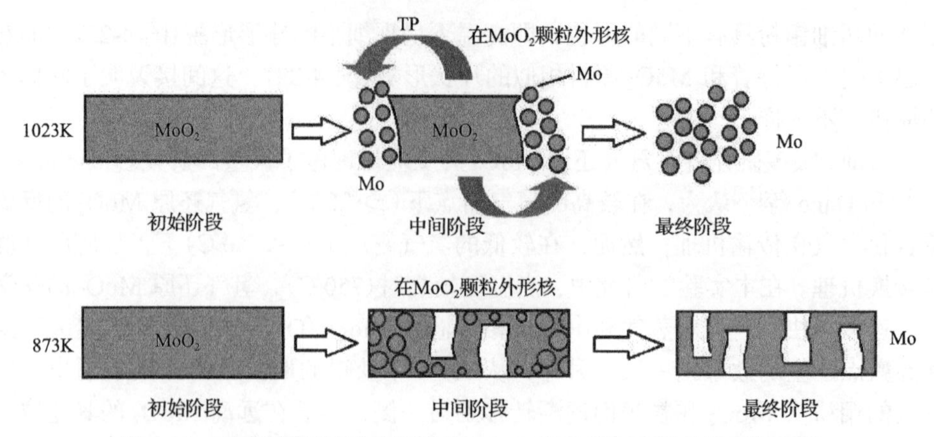


图 4-24　不同温度下氢气还原超细 $MoO_2$ 制备超细钼粉的反应机理图

1)高温：650～800℃

从 800℃获得超细钼粉的形貌如图 4-22 所示，从中可以看出，新形成的钼粉通过气相传输相在 $MoO_2$ 颗粒外部形核并长大，$MoO_2$ 表面并没有沉积还原产物。因此,氢原子通过产物层向化学反应界面的扩散不太可能成为反应的限制性环节。同时，从还原反应的线性动力学曲线形状可以推测出形核与核心长大的过程也不太可能成为反应速率的限制性环节。因此，最有可能成为氢气还原超细 $MoO_2$ 制备超细钼粉过程中的限制性环节为氢原子在 $MoO_2$ 颗粒表面的界面化学反应。当采用不同的化学反应机理函数对实验原始数据分别进行拟合分析时，发现化学反应模型最能有效地表达整个还原过程，拟合结果如下图 4-25 所示。从图 4-25 可知，每条直线的斜率代表相应温度下的化学反应速率常数 $k$。温度越高，反应速率常数 $k$ 越大，反应越快，还原完全所需的时间越短。

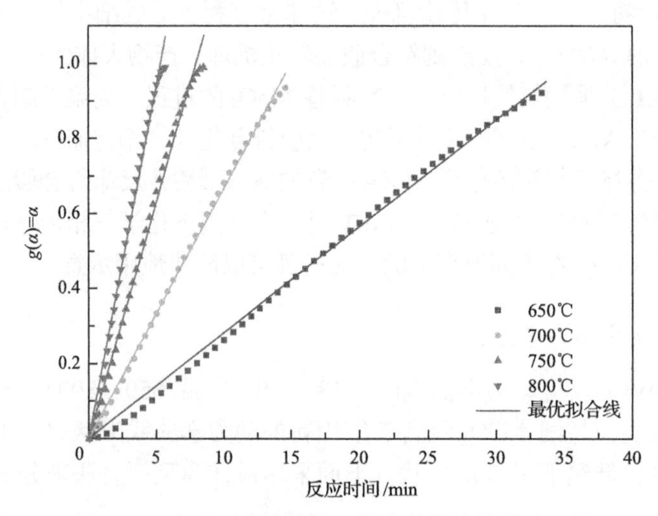


图 4-25　高温下实验数据和拟合数据的结果对比图

通过对 Arrhenius 方程式(4-7)进行变形可以得到式(4-22)，即

$$\ln k = -\frac{\Delta E}{R} \cdot \frac{1}{T} + \ln A \tag{4-22}$$

式中，$k$ 为反应速率常数，$min^{-1}$；$A$ 为指前因子(频率因子)，$min^{-1}$；$\Delta E$ 为表观活化能，J/mol；$R$ 为理想气体常数，8.314J/mol/K；$T$ 为绝对温度，K。

然后将不同温度下获得的速率常数 $k$ 代入方程式(4-22)中进行拟合，如图 4-26 所示。从图 4-26 可以看出，在不同温度下的速率常数与温度的关系符合 Arrhenius 方程，相应的活化能为 104.36kJ/mol，这和我们之前工作获得的值(99kJ/mol)[18]非常相近。相应的速率常数 $k$ 和温度的关系可用式(4-23)表示，即

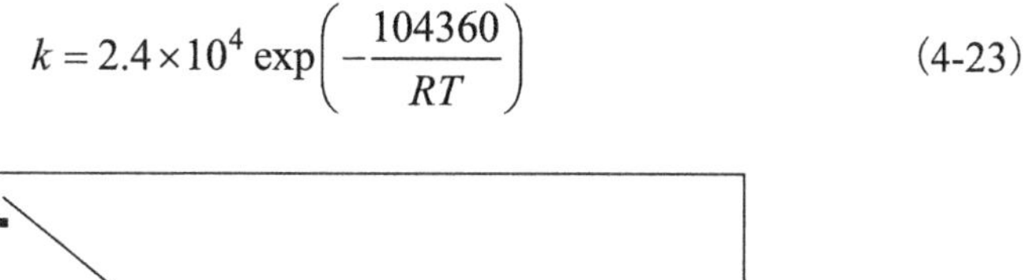

$$k = 2.4 \times 10^4 \exp\left(-\frac{104360}{RT}\right) \tag{4-23}$$

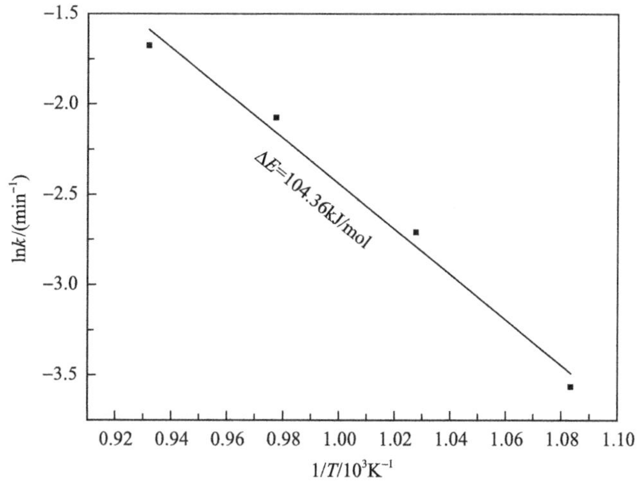


图 4-26　反应速率常数随温度的变化

2)低温：590～610℃

通过表 4-2 中不同反应动力学模型对低温下获得的实验数据分别进行拟合，发现没有一个模型能够完美地拟合实验数据，因此可以推测低温下氢气还原超细 $MoO_2$ 制备超细钼粉的过程非常复杂，单一的反应机理并不能很好地解释实验数据，期间可能存在多个控速环节。通过对其反应动力学曲线进行观察分析后发现呈现 S 形曲线，在低温下有一个较长的诱导期，且温度越低，诱导期越长，如图 4-19 所示。同时，在低温下的初始反应阶段，大的 $MoO_2$ 颗粒表面沉积着大量细小的核心，如图 4-23 所示。因此推测出在反应的初始阶段，金属钼粉的形核与核心长大最有可能成为反应的限制性环节。随着还原反应的继续进行，

大量钼颗粒的核心逐渐形成并且长大，在 $MoO_2$ 原料表面形成一层致密的产物层，产物层会极大地阻碍还原气体氢气的内扩散和还原产物水蒸气的外扩散。因此，在反应的后期，气体通过产物层的扩散最有可能成为还原反应的限制性环节。

当采用不同的模型对实验数据进行拟合时，发现当反应进度$\alpha$为 0～0.8 时，形核与核心长大的模型能够很好地对其进行表达，即方程式(4-24)，拟合结果如图 4-27 所示。然而，当反应进度$\alpha$>0.8 时，反应符合扩散模型，即方程式(4-25)，相应的拟合结果如图 4-28 所示。实验拟合结果与上述特征分析非常吻合。此时，

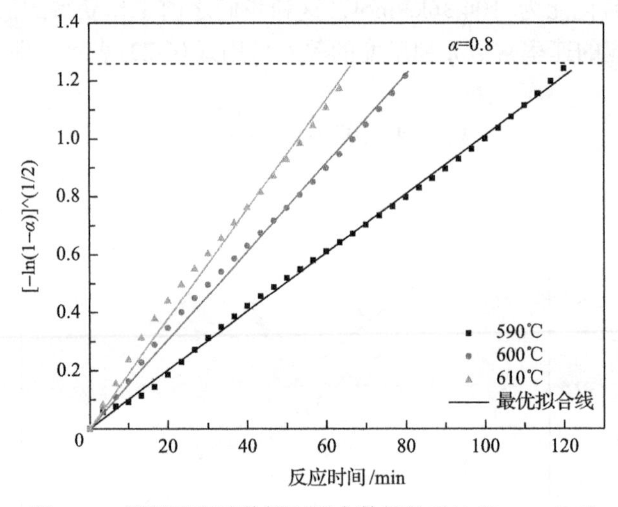


图 4-27　低温下实验数据和拟合数据的对比(0<$\alpha$<0.8)

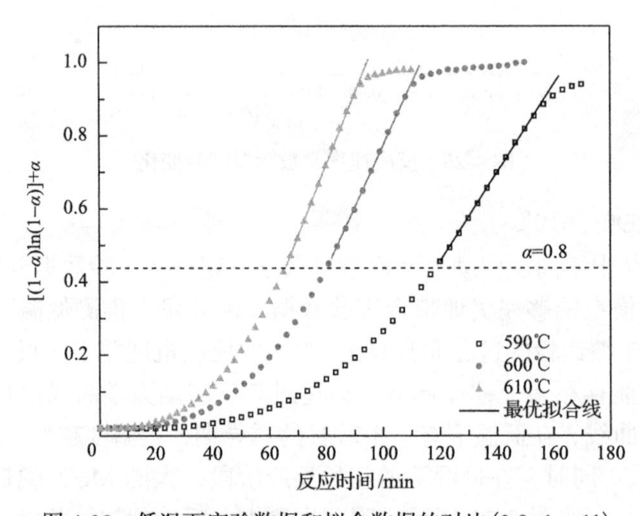


图 4-28　低温下实验数据和拟合数据的对比(0.8<$\alpha$<1)

反应限度 0.8 与 Kennedy 等[19]获得的 0.75 和 Orehotsky 等[20]提出的 0.93 非常接近，这进一步证明了动力学分析结果的正确性。

$$\left[-\ln(1-\alpha)\right]^{1/2}=kt \tag{4-24}$$

$$\left[(1-\alpha)\ln(1-\alpha)\right]+\alpha=kt \tag{4-25}$$

## 参 考 文 献

[1] Enneti R K, Wolfe T A. Agglomeration during reduction of $MoO_3$[J]. International Journal of Refractory Metals and Hard Materials, 2012, 31: 47-50.

[2] Dang J, Zhang G H, Chou K C, et al. Kinetics and mechanism of hydrogen reduction of $MoO_3$ to $MoO_2$[J]. International Journal of Refractory Metals and Hard Materials, 2013, 41: 216-223.

[3] Ebrahimi-Kahrizsangi R, Abbasi M H, Saidi A. Mechanochemical effects on the molybdenite roasting kinetics[J]. Chemical Engineering Journal, 2006, 121: 65-71.

[4] Dickinson C, Heal G. Solid-liquid diffusion controlled rate equations[J]. Thermochimica Acta, 1999, 340: 89-103.

[5] Vyazovkin S, Wight C A. Model-free and model-fitting approaches to kinetic analysis of isothermal and nonisothermal data[J]. Thermochimica Acta, 1999, 340: 53-68.

[6] Vyazovkin S. Model-free kinetics[J]. Journal of Thermal Analysis and Calorimetry, 2006, 83: 45-51.

[7] Kahrizsangi R E, Abbasi M H, Saidi A. Model-fitting approach to kinetic analysis of non-isothermal oxidation of molybdenite[J]. Iranian Journal of Chemistry and Chemical Engineering Research Note, 2007, 26: 119-123.

[8] Jander W. Reaktionen im festen Zustande bei höheren Temperaturen. Reaktionsgeschwindigkeiten endotherm verlaufender Umsetzungen[J]. Zeitschrift für Anorganische Und Allgemeine Chemie, 1927, 163: 1-30.

[9] Avrami M. Granulation, phase change, and microstructure kinetics of phase change. III[J]. The Journal of Chemical Physics, 1941, 9: 177-184.

[10] Avrami M. Kinetics of phase change. I General theory[J]. The Journal of Chemical Physics, 1939, 7: 1103-1112.

[11] Avrami M. Kinetics of phase change. II transformation-time relations for random distribution of nuclei[J]. The Journal of Chemical Physics, 1940, 8: 212-224.

[12] Piotrowski K, Mondal K, Lorethova H, et al. Effect of gas composition on the kinetics of iron oxide reduction in a hydrogen production process[J]. International Journal of Hydrogen Energy, 2005, 30: 1543-1554.

[13] Vyazovkin S, Wight C. Kinetics in solids[J]. Annual Review of Physical Chemistry, 1997, 48: 125-149.

[14] Brown M E, Dollimore D, Galwey A K. Reactions in the Solid State[M]. 1980.

[15] Brown M E, Dollimore D, Galwey A K. Theory of solid state reaction kinetics[J]. Comprehensive Chemical Kinetics, 1980, 22: 41-113.

[16] Schulmeyer W V, Ortner H M. Mechanisms of the hydrogen reduction of molybdenum oxides[J]. International Journal of Refractory Metals and Hard Materials, 2002, 20: 261-269.

[17] Dang J, Zhang G H, Chou K C. A morphological study of the reduction of $MoO_2$ by hydrogen[J]. High Temperature Materials and Processes, 2015, 34: 1134-1140.

[18] Dang J, Zhang G H, Chou K C. Study on kinetics of hydrogen reduction of $MoO_2$[J]. International Journal of Refractory Metals and Hard Materials, 2013, 41: 356-362.
[19] Kennedy M, Bevan S. A kinetic study of the reduction of molybdenum trioxide by hydrogen[J]. Journal of the Less Common Metals, 1974, 36: 23-30.
[20] Orehotsky J, Kaczenski M. The kinetics of the hydrogen reduction of $MoO_2$ powder[J]. Materials Science and Engineering, 1979, 40: 245-250.

# 5 “缺碳预还原+氢气深脱氧”工艺制备超细钼粉

通过前面章节可知，利用化学合成法制备超细钼粉的关键问题是控制产物的形核和生长过程，即一方面需要生成大量分散的晶核；另一方面又要控制这些晶核以各种方式生长[1-3]。在金属氧化物的还原方法中，碳热还原法是应用最广泛的工艺之一。相比于氢气还原，该方法具有流程简单、对设备要求低、易于工业化、成本低、产品粒度小等特点。但在超细钼粉的制备方面，碳热还原法确有很多不足。在碳热还原金属氧化物的过程中，生成的气体产物中既有 CO 又有 $CO_2$，并且其比例会随着反应温度、气流速度、料层厚度等条件的变化而波动，在实际生产中无法实现精准配碳从而导致最终所制备产物的碳含量较高[4-8]。如何控制产物的残余碳含量，成为碳热还原应用于超细钼粉制备领域的关键因素。氢气还原制备的钼粉纯度较高，但是由于化学气相迁移机理的存在，故其粒度较大。本章结合了氢气还原和碳热还原的优点，开创性地提出了“缺碳预还原+氢气深脱氧”工艺制备超细钼粉，即先利用缺碳预还原 $MoO_3$ 制备出含有少量 $MoO_2$ 的预还原钼粉，再采用氢气对预还原钼粉进行深脱氧以制备超细钼粉。下面将分别介绍第一阶段——碳热还原过程使用活性炭和炭黑作为还原剂的情况。同时本章也成功将该方法推广到超细钨粉的制备。

## 5.1 活性炭为还原剂

### 5.1.1 实验部分的原料及方法

本节采用高纯度 $MoO_3$ 作为钼源，活性炭为主要还原剂。采用 BET 比表面积测试法测定该 $MoO_3$ 的数据：平均粒径为 1.422μm；比表面积为 10.030$m^2$/g。图 5-1 是 $MoO_3$ 粉末的 XRD 衍射图和形貌图，从图中可以看到，其衍射峰均对应 $MoO_3$，且该原料是由大量的小颗粒聚合而成的。

实验均在硅碳棒电阻炉中完成。首先，按照 $n(C)/n(MoO_3)$ 为 2.1、2.2、2.3 和 2.4 分别称取高纯 $MoO_3$ 粉末与活性炭粉末。将原料均匀混合后，放入氧化铝坩埚中进行碳热预还原。碳热还原反应步骤为：先在 650℃下反应 1h，而后在 1050℃下反应 2h。然后，在 900℃或 950℃用氢气对碳热预还原产物进行进一步深脱氧，反应时间为 1h，氢气流量为 200mL/min。反应结束后将氢气切换为氩气，待石英管在空气冷却至室温后取出样品。此外，作为对比实验，也按照如下制度进行了纯氢气还原实验：首先在 650℃反应 1h，然后在 900℃或 950℃下还原 2h。

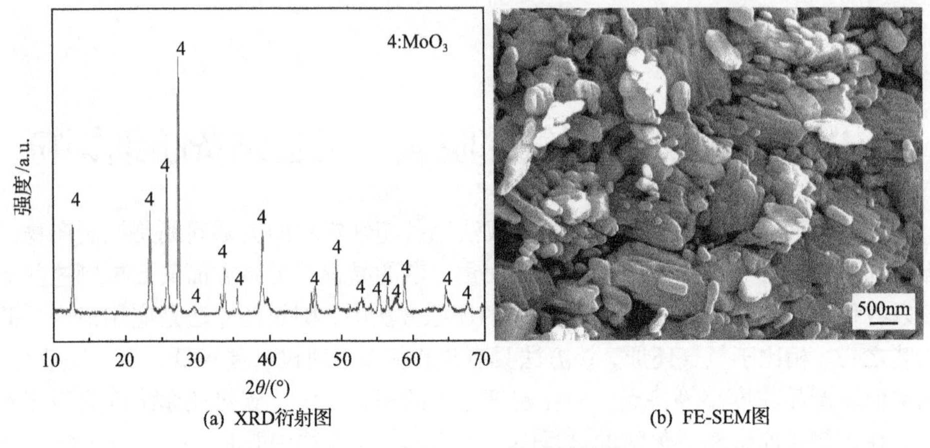


图 5-1　高纯 $MoO_3$ 检测结果图

### 5.1.2　产物的物相分析

图 5-2 为碳热预还原 $MoO_3$ 得到产物的 XRD 衍射图。从图中可以看出，随着 $n(C)/n(MoO_3)$ 的增加，$MoO_2$ 的衍射峰强度越来越弱，当 $n(C)/n(MoO_3)$ 达到 2.4 时，$MoO_2$ 的衍射峰几乎消失。从图 5-2 中还可以看出，尽管四组样品的配碳量不同，但是产物中均未检测到 $Mo_2C$ 的衍射峰，说明 $Mo_2C$ 已经被完全反应。但是由于 XRD 对于低含量物质的检测存在误差，因此还需要对残余碳含量进行进一步检测。

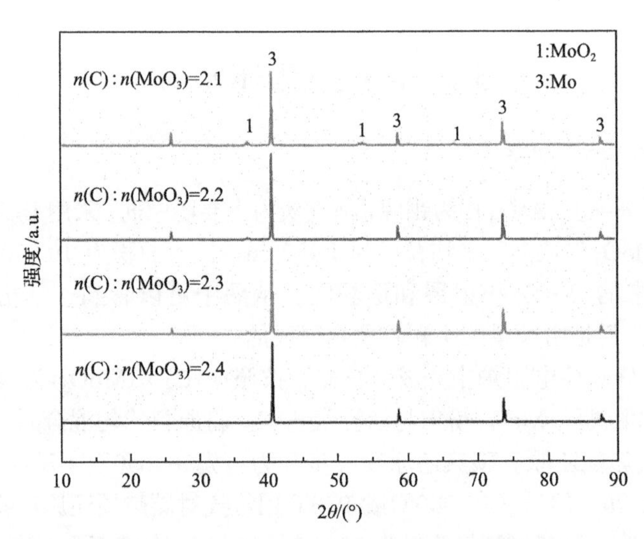


图 5-2　碳热预还原 $MoO_3$ 产物的 XRD 衍射图

样品在 1050℃下反应 2h 后，随着 $n(C)/n(MoO_3)$ 的增加，残余碳含量分别为

0.041%、0.034%、0.031%、0.031%，其数值相差并不大。检测结果说明在当前的反应条件下，$Mo_2C$ 不能稳定存在，易与 $MoO_2$ 反应生成钼，从而所得产物的含碳量极低(详细的热力学分析见后续以炭黑为还原剂的章节)。图 5-3 为使用氢气对预还原粉末进行深脱氧所得产物的 XRD 衍射图，从图中可以看出产物中只存在钼。

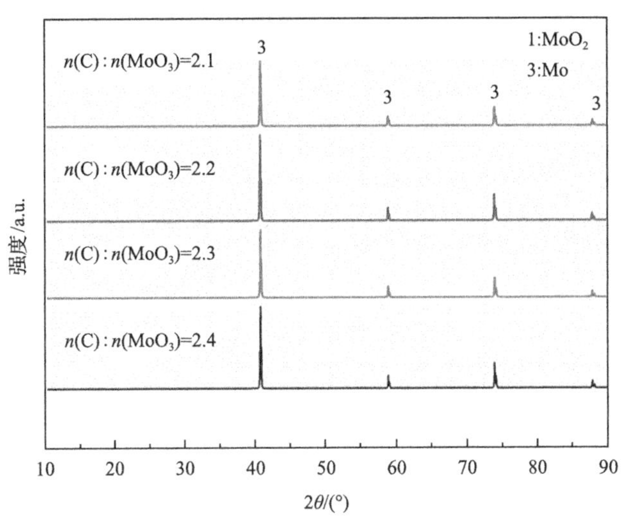

图 5-3 预还原粉末的氢气深脱氧产物的 XRD 衍射图

### 5.1.3 产物的形貌分析

#### 5.1.3.1 还原过程中形貌的变化

为了展示典型的样品形貌的变化过程，选用 $n(C)/n(MoO_3)$ 为 2.3 的样品进行说明。图 5-4(a)为高纯 $MoO_3$ 与活性炭混合后的形貌图，图中左上角的大颗粒

(a) 低倍形貌

(b) 高倍形貌

图 5-4 混合原料的形貌

为活性炭颗粒。图 5-4(a)还表明 $MoO_3$ 粉末由小颗粒团聚组成，经过均匀混合后，部分颗粒散开。图 5-4(b)是 $MoO_3$ 粉末放大后的形貌图。

图 5-5(a)是在 650℃下碳热还原 $MoO_3$ 第一阶段后所得产物的形貌图，XRD 结果表明，产物均为 $MoO_2$ 颗粒。从图中可以看到，高纯 $MoO_3$ 被还原为 $MoO_2$ 后，颗粒间的空隙更小，分散性很差。图 5-5(b)为 1050℃碳热还原 $MoO_3$ 第二阶段所得产物的形貌图。XRD 结果表明，图中的产物为 Mo 和 $MoO_2$ 的混合物，且大部分为钼颗粒。相比较第一阶段还原产物 $MoO_2$，钼颗粒间的空隙显著增大，这是由氧的脱除导致的体积减少所致。

(a) 650℃碳热还原$MoO_3$第一阶段所得产物的形貌图

(b) 1050℃碳热还原$MoO_3$第二阶段所得产物的形貌图

图 5-5　碳还原 $MoO_3$ 过程中产物的形貌变化

$n(C):n(MoO_3)=2.3$

氢气深脱氧可以对碳热预还原产物中残留的 $MoO_2$ 进行还原，同时也会对产物形貌产生影响。900℃和 950℃下氢气深脱氧的产物形貌分别如图 5-6(a)和图 5-6(b)所示。从图 5-6(a)可以看到，在 900℃下氢气深脱氧后，大部分钼颗粒仍保持原有的形状，但是少数较大的颗粒表面出现孔隙。由于碳热预还原产物中存在少量的大颗粒 $MoO_2$，所以可以推断这些钼颗粒是由氢气还原 $MoO_2$ 的脱氧所导致的。然而，将氢气还原温度提高到 950℃后，氢气脱氧不再使颗粒表面产生孔隙，而是使部分钼晶粒变得细长，这是由于高温下的化学气相迁移机理较强，钼通过气相水合物在钼晶粒之间的烧结颈位置进行沉积，使得颗粒变得细长。

(a) 900℃

(b) 950℃

图 5-6 不同温度下氢气深脱氧后的产物形貌图

#### 5.1.3.2 $n(C)/n(MoO_3)$对产物形貌的影响

图 5-7 和图 5-8 是不同 $n(C)/n(MoO_3)$的样品还原后的产物形貌图。其中图 5-7 是碳热预还原后产物的形貌，图 5-8 是在 900℃下氢气深脱氧后产物的形貌图。从图 5-7 中可以看到，随着配碳量的增加，产物粒度不断减小。结合前面的物相分析结果可知，随着碳配比的增加，产物中残存的 $MoO_2$ 也不断减少，当 $n(C)/n(MoO_3)$达到 2.4 后，$MoO_2$ 颗粒几乎不存在，产物由颗粒细小的纯钼组成。

氢气深脱氧后，$n(C)/n(MoO_3)$对产物形貌的影响见图 5-8。图 5-8(a)样品中的大颗粒明显多于其他样品，并且大多数颗粒的表面出现孔隙和裂缝(这是由于残存的 $MoO_2$ 被氢气进一步还原)。随着配碳量的增加，出现了孔隙的颗粒数量依次减少。图 5-8(d)是 $n(C)/n(MoO_3)$为 2.4 的样品经氢气深脱氧后的产物形貌图，从图中可看到钼颗粒的大小趋向一致，颗粒表面几乎没有孔隙。

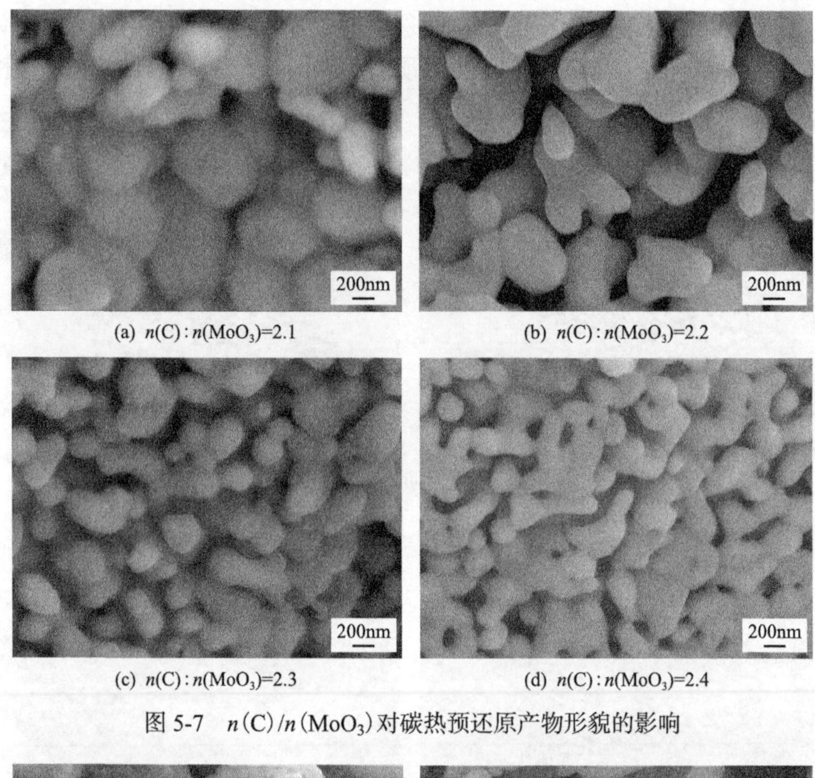


(a) $n(C):n(MoO_3)=2.1$　(b) $n(C):n(MoO_3)=2.2$

(c) $n(C):n(MoO_3)=2.3$　(d) $n(C):n(MoO_3)=2.4$

图 5-7　$n(C)/n(MoO_3)$对碳热预还原产物形貌的影响

(a) $n(C):n(MoO_3)=2.1$　(b) $n(C):n(MoO_3)=2.2$

(c) $n(C):n(MoO_3)=2.3$　(d) $n(C):n(MoO_3)=2.4$

图 5-8　$n(C)/n(MoO_3)$对氢气深脱氧产物形貌的影响

综上所述，当 $n(\mathrm{C})/n(\mathrm{MoO_3})$ 为 2.4 时，经过碳热预还原和 900℃氢气深脱氧可以制备超细钼粉。

### 5.1.4 纯氢气还原 $MoO_3$ 的效果对比

为了对比纯氢气还原的产物，对 $MoO_3$ 进行了两段式氢气还原：第一段($MoO_3 \rightarrow MoO_2$)还原温度为 923K；第二段($MoO_2 \rightarrow Mo$)还原温度为 1173K 或 1223K。第一段和第二段还原产物的形貌如图 5-9 和图 5-10 所示。

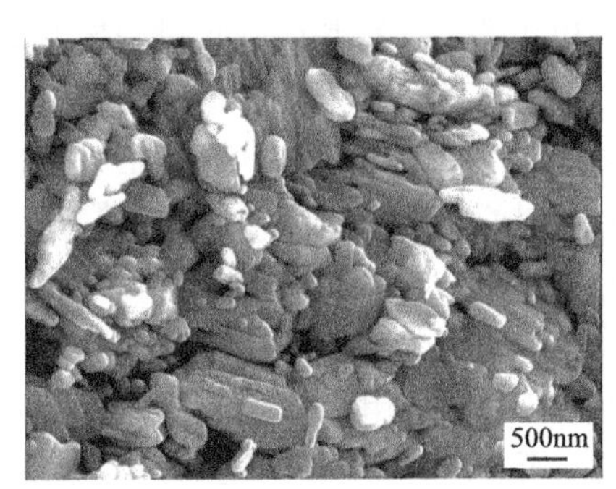


(a) $MoO_3$原料

500nm

(b) 923K下氢气还原$MoO_3$得到的$MoO_2$

图 5-9 第一段氢气还原后产物的形貌

(a) 1173K下氢气还原$MoO_2$的产物

(b) 1223K下氢气还原$MoO_2$的产物

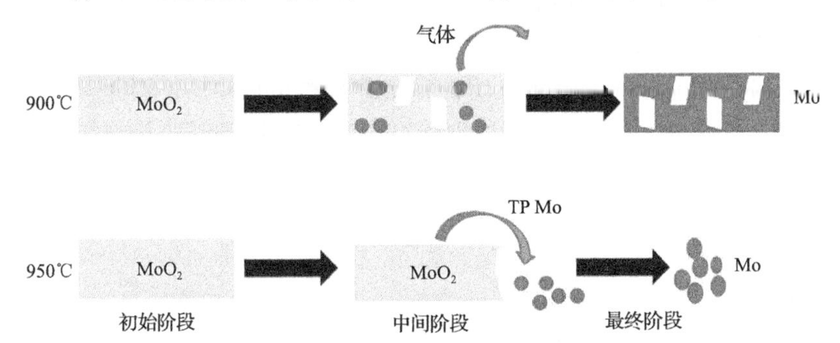


(c) 不同温度下氢气还原$MoO_2$的机理图

图 5-10 产物钼的形貌与氢气还原 $MoO_2$ 的机理图

从图 5-8 可以看到，$MoO_2$ 相较于 $MoO_3$ 的形貌变化很大，从颗粒状变成了片状。除颗粒形状外，$MoO_2$ 的粒度也较大，均在 1μm 以上。这是由于在氢气还原的过程中，含钼的气相水合物使化学气相传输机理发挥了巨大的作用[9]。通过水蒸气和氧化钼反应产生的 Mo-O-H 气态中间相，实现了钼的迁移与沉积，因此产物的形貌相较于 $MoO_3$ 原料发生了很大变化。

图 5-10 为 1173K 或 1223K 下第二段氢气还原 $MoO_3$ 产物的形貌图。从图 5-10(a)可以看到，在 1173K 下氢气还原后，钼颗粒保持了 $MoO_2$ 原料的片状形态，但是在颗粒上出现了较多的裂缝和孔隙。裂缝和孔隙的存在是由脱氧过程导致的体积减小而造成的。在 1173K 下，氢气还原 $MoO_2$ 的速率较低，单位时间产生的水蒸气的量相对较小，形成的 Mo-O-H 气态水合物的量也较小，因此化学气相传输机理较弱，此时假晶转变机理占据了主导，钼产物的形貌与原料 $MoO_2$ 的形貌保持一定的遗传性。

图 5-10(b)是在 1223K 下氢气还原片状 $MoO_2$ 得到产物的形貌图，从图中可以看出，钼颗粒的形状变为小球并连接成链状。这是由于当温度为 1223K 时，氢气还原反应的速率较大，能够在短时间内产生大量的 Mo-O-H 中间相。此时，化学气相传输机理将占主导地位，钼可以通过气相水合物实现在原有的 $MoO_2$ 颗粒外形核和长大，因此产物的形貌显著不同于 $MoO_2$ 原料。综上所述，使用纯氢气还原无法得到粒径细小的钼粉。

## 5.2 炭黑为还原剂(低配碳比时)

5.1 节使用了活性炭作为预还原阶段的还原剂制备超细钼粉，但是由于活性炭的颗粒较大，因此最后所制备超细钼粉的分散性很差，本节将尝试使用另一种粒径细小的炭黑代替活性炭作为还原剂，并在不同的碳配比范围内对此进行研究。

在第 2 章熔盐辅助氢气还原 $MoO_2$，以及第 3 章钼核辅助氢气还原 $MoO_2$ 制备超细钼粉的过程中，均是通过在氢气还原过程中引入了大量、稳定、分散的核心以改善产物的分散性，同时细化产物的粒径。如果能利用碳热还原反应本身引入核心，而不额外添加形核核心，会使得工艺变得更加简洁。因此，本节采用粒度细小、分散性好、纯度高的炭黑作为还原剂，在缺碳预还原+氢气深脱氧的工艺基础上，采用低配碳还原 $MoO_3$，生成 $MoO_2$ 和纳米钼晶核的混合物相，再通过氢气深脱氧制备超细钼粉。

### 5.2.1 实验原料和方法

本节使用商业 $MoO_3$ 作为钼源，粒径为几十纳米的高纯炭黑作为还原剂，原料的微观形貌如图 5-11 所示。将 $MoO_3$ 和炭黑按 $n(C)/n(MoO_3)$ 为 0.5、0.75、1.0

和 1.5 混合均匀。对于碳热预还原实验，使用约 100mg $MoO_3$ 和炭黑的混合物在热分析仪中进行实验，将样品在氩气的保护下(60mL/min)以 5℃/min 的升温速率加热至所需的温度，制备出含一定量钼晶核的 $MoO_2$。然后，将产物在氩气(60mL/min)的保护气氛下以 20℃/min 的升温速率从室温加热至所需的还原温度(750℃、800℃、850℃和 900℃)。当温度升至所需温度并保持稳定后，将氩气转换为氢气(60mL/min)开始进行还原反应。待反应完全后将氢气切换回氩气并将样品随炉冷却。

(a) 商业$MoO_3$的FE-SEM照片

(b) 炭黑的FE-SEM照片

图 5-11 原料的微观形貌图

### 5.2.2 碳热预还原制备含钼纳米晶核的 $MoO_2$

为了确定炭黑还原 $MoO_3$ 的合适温度，首先采用热重进行 $n(C)/n(MoO_3)$ 为 1.0 的炭黑还原 $MoO_3$ 的变温实验(5℃/min)，其 TG-DTA 曲线(图 5-12)表明，反应可以分三个阶段，分别开始于 500℃、856℃和 880℃，当温度升至约 915℃时反应进行完全。因此，选择 920℃作为制备含钼晶核的 $MoO_2$ 的最终反应温度。将不同 $n(C)/n(MoO_3)$ 的 $MoO_3$ 和炭黑在 920℃(5℃/min 进行升温)制备出含不同钼含量的 $MoO_2$。当 $n(C)/n(MoO_3)$ 为 0.5 时，所制备产物的 XRD 图只有 $MoO_2$ 的衍射峰，没有出现 Mo 的衍射峰。当 $n(C)/n(MoO_3)$ 增至 0.75 时，在产物的 XRD 图中出现了比较微弱的 Mo 的衍射峰，其最强峰的强度较 $MoO_2$ 的最强峰低很多。随着 $n(C)/n(MoO_3)$ 逐渐增加，Mo 的衍射峰的相对强度逐渐增强(图 5-13)。另外，当 $n(C)/n(MoO_3)$ 为 0.5、0.75、1.0 和 1.5 时的最终失重率分别为 14.45%、18.26%、22.50%和 31.4%。反应的总方程可以写为式(5-1)，根据失重率和物料守恒(Mo、O 和 C 元素守恒)，计算出 $n(C)/n(MoO_3)$ 分别为 0.75、1.0 和 1.5 时产物中 Mo 的质量分数分别约为 7.0%、17.6%和 44.5%。

$$MoO_3 + xC = yMoO_2 + (1-y)Mo + zCO_2 + (x-z)CO \tag{5-1}$$

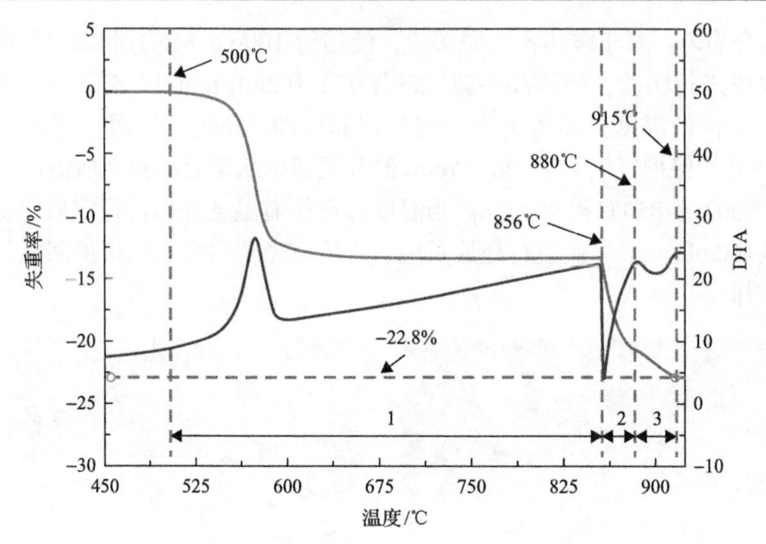


图 5-12 变温实验(5℃/min)的 TG-DTA 曲线

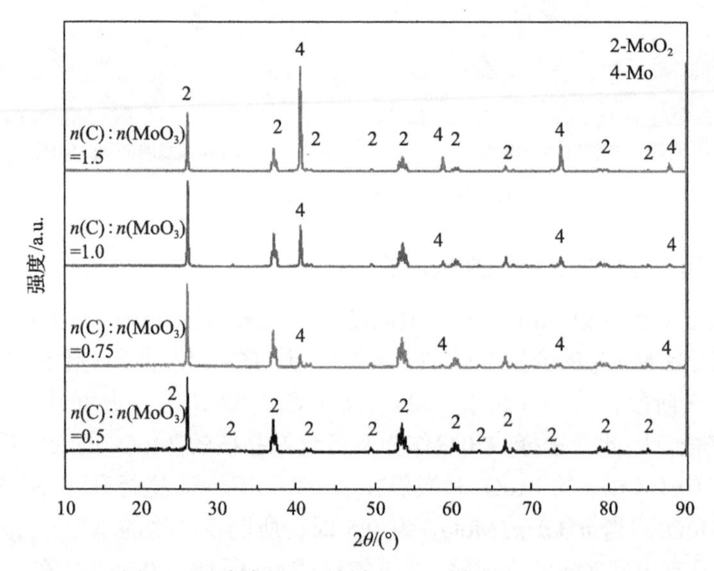


图 5-13 碳热预还原制备 $MoO_2$ 样品的 XRD 图

如图 5-14 所示为不同 $n(C)/n(MoO_3)$ 的炭黑和 $MoO_3$ 反应制备的含不同 Mo 含量的 $MoO_2$ 的 FE-SEM 照片。当 $n(C)/n(MoO_3)$ 为 0.5 时，制备的 $MoO_2$ 如图 5-14(a)所示，从中可以看到，其平均粒度为亚微米级，为片状形貌，平均粒度约为 400nm。当 $n(C)/n(MoO_3)$ 为 0.75 时，此时的产物中含有约 7%的 Mo(质量分数)，在较大片状 $MoO_2$ 颗粒的周围出现了许多近球形的钼纳米颗粒(图 5-14(b))。如图 5-14(c)和图 5-14(d)所示，随着 $n(C)/n(MoO_3)$ 继续增加，$MoO_2$ 中 Mo 纳米晶核的数量逐渐增加，但是片状 $MoO_2$ 颗粒仍具有较大的粒度。因此，通过使用炭黑作为还原剂成功制备出含不同量的钼纳米颗粒的 $MoO_2$。

(a) $n(C):n(MoO_3)=0.5$　(b) $n(C):n(MoO_3)=0.75$

(c) $n(C):n(MoO_3)=1.0$　(d) $n(C):n(MoO_3)=1.5$

图 5-14　碳热预还原制备 $MoO_2$ 样品的 FE-SEM 照片

### 5.2.3　氢气还原含纳米钼晶核的 $MoO_2$

在第 3 章的研究中，通过向 $MoO_2$ 中添加超细钼晶核可以通过氢气还原制备超细钼粉。本节利用炭黑与商业 $MoO_3$ 经过碳热还原后也制备出了含钼纳米晶核的 $MoO_2$。因此，下面将采用氢气还原含钼晶核的 $MoO_2$ 制备超细钼粉。

对于四种不同 $n(C)/n(MoO_3)$(0.5、0.75、1.0 和 1.5)的样品所制备的钼含量不同的 $MoO_2$，经氢气完全还原后的失重率分别约为 25.3%、23.4%、20.4%和 13.8%。如图 5-15 所示为含不同量钼晶核的 $MoO_2$ 的氢气还原失重(TG)曲线。从中可以看出，当反应进度小于约 0.95 时，反应进度与反应时间整体上呈现出较好的线性关系，当反应进度大于 0.95 之后呈现出曲线关系(反应速率逐渐减小)。因此，类似第 2 章盐颗粒辅助氢气还原的情况，氢气还原反应依然为界面化学反应控速。将曲线进行线性拟合获得反应速率常数，如图 5-16 所示。从中可以看到，

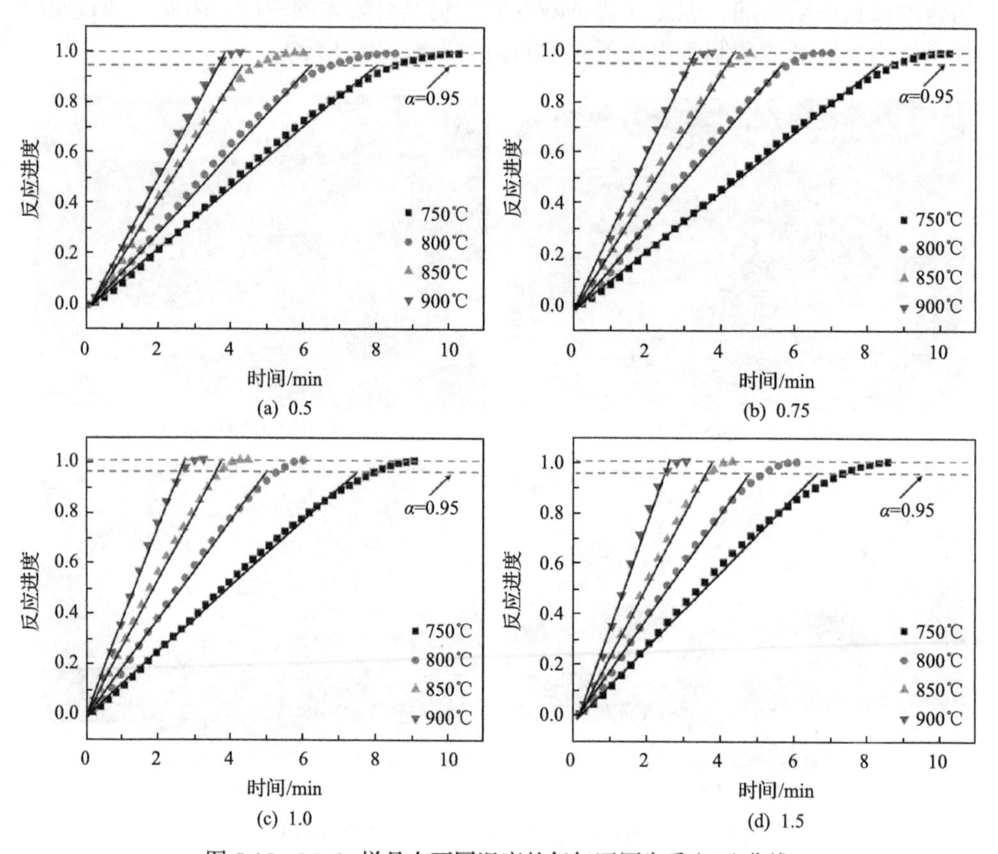


图 5-15　$MoO_2$ 样品在不同温度的氢气还原失重(TG)曲线

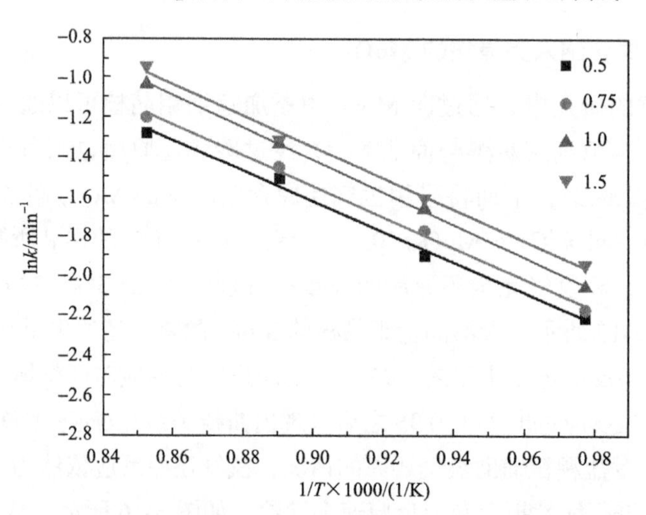


图 5-16　$MoO_2$ 样品在不同温度下氢气还原的反应速率常数

反应速率常数随着钼含量和温度的升高而增加。将反应速率常数代入 Arrhenius 方程得到氢气还原不同钼含量的 $MoO_2$ 样品的活化能，它们分别为 63.86kJ/mol、64.57kJ/mol、69.26kJ/mol 和 65.35kJ/mol（分别对应四种含不同量纳米钼晶核的 $MoO_2$）。从中可以发现，不同于加入盐颗粒之后活化能增加的情况，引入纳米钼颗粒对活化能的影响并不大。

图 5-17 显示了在 900℃下通过氢气还原制备的钼产物的 XRD 图和含 7%钼晶核的 $MoO_2$ 样品在不同温度下还原产物的 XRD 图。从图中可以看到产物中仅存在 Mo，没有 $MoO_2$ 及其他化合物的衍射峰，表明 $MoO_2$ 被完全还原为 Mo。通过对产物的碳含量进行分析，发现对于 $n(C)/n(MoO_3)$ 分别为 0.5、0.75、1.0 和 1.5 的样品，在 900℃氢气还原后的残余碳含量分别为 0.018%、0.016%、0.021%和 0.02%。如图 5-18 所示为含不同量纳米钼颗粒的 $MoO_2$ 在不同温度下氢气还原产物的 FE-SEM 照片。对于不含钼晶核的 $MoO_2$，同前两章不加盐颗粒的情况类似，在 750℃、800℃和 900℃下氢气还原后的产物钼颗粒保持了原始 $MoO_2$ 的粒度和形貌，平均粒度约为 400nm（图 5-18（a））。因此，当 $MoO_2$ 不含钼纳米晶核时，不能制备出纳米钼粉。但是，当 $MoO_2$ 中仅含有 7%的钼纳米晶核时，氢气还原产物如图 5-18（b）所示。从中可以看到产物的形貌和粒度发生了非常显著的变化，钼颗粒的平均粒度达到了纳米级（＜100nm）。而且，随着 $MoO_2$ 中纳米钼晶核含量的增加，相同温度制备的钼粉的粒度逐渐减小。此外，当温度从 750℃升高到 900℃时，钼的粒度略微增加。当 $n(C)/n(MoO_3)$ 为 1.5 且温度为 750℃时，钼产物的平均粒径可以降到 70nm。综上所述，分散的纳米钼晶核的存在对纳米钼粉的制备至关重要，并且增加纳米晶核的数量及降低还原温度均有利于进一步细化颗粒尺寸。

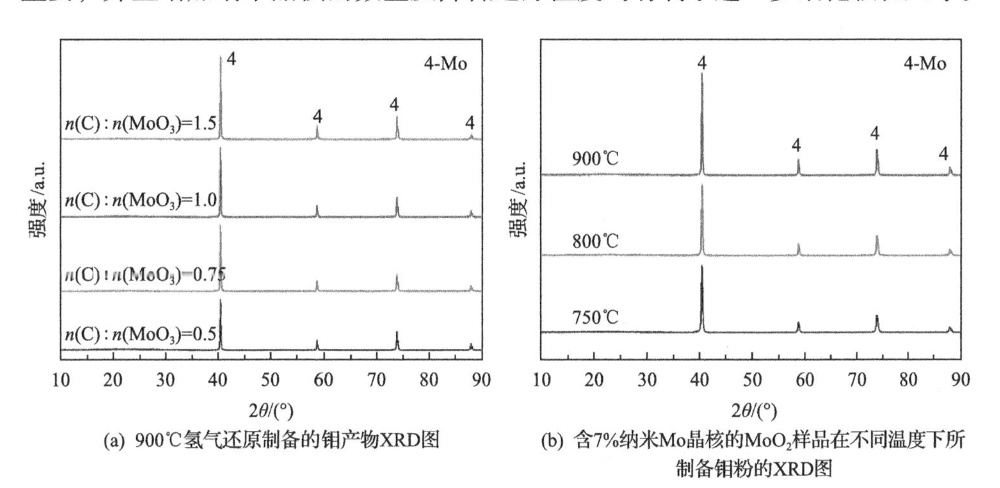


(a) 900℃氢气还原制备的钼产物XRD图　(b) 含7%纳米Mo晶核的$MoO_2$样品在不同温度下所制备钼粉的XRD图

图 5-17 氢气还原制备钼产物和 $MoO_2$ 样品制备钼粉的 XRD 图

(a1) 0.5-750℃ (b1) 0.75-750℃ (c1) 1.0-750℃ (d1) 1.5-750℃
(a2) 0.5-800℃ (b2) 0.75-800℃ (c2) 1.0-800℃ (d2) 1.5-800℃
(a3) 0.5-900℃ (b3) 0.75-900℃ (c3) 1.0-900℃ (d3) 1.5-900℃

图 5-18 不同 $n(C)/n(MoO_3)$ 样品制备的含不同量纳米钼晶核的 $MoO_2$ 在不同温度下氢气还原所制备钼粉的 FE-SEM 照片

### 5.2.4 讨论

如前所述，氢气还原 $MoO_2$ 制备钼纳米颗粒最关键的问题是生成足够数量的钼晶核，然后这些晶核可以作为以化学气相传输方式生长制备纳米钼粉的种子。在 750～900℃下氢气还原超细 $MoO_2$ 不能实现钼的分散形核，制备的钼颗粒依然保持原始 $MoO_2$ 的粒度。相比之下，当 $MoO_2$ 粉末中含有一定量分散的纳米钼晶核时，纳米晶核可以通过化学气相传输方式生长制备出纳米钼颗粒，同时消耗掉较大颗粒的 $MoO_2$。在氢气还原 $MoO_2$ 的过程中，钼的分散形核需要非常高的水蒸气浓度或温度，但是较高的水蒸气浓度或温度将导致形核的数量较少，使得最终制备产物的钼颗粒的数量少且粒度较大。因此，将形核与生长过程分开可具有非常优异的控制颗粒数量和粒度的效果。在本章实验中，通过使用炭黑还原 $MoO_3$ 制备含一定量细小且分布均匀的钼晶核的 $MoO_2$，然后在氢气还原过程中使这些晶核通过化学气相传输机理进行生长。

在第二段氢气还原 $MoO_2$ 的过程中，钼晶核以化学气相传输方式生长不需要非常高的水蒸气浓度或温度，可以在 750℃的低温下实现，这远低于分散形核所需的 1100℃以上的高温或非常高的水蒸气浓度[9,10]。而较低的温度对控制钼晶核的生长更为有利，可以制备出更细的纳米钼颗粒。根据以上的分析，绘制了如图 5-19 所示的机理示意图。该过程将形核和生长过程分开：通过炭黑还原 $MoO_3$ 制备含有分散纳米钼晶核的超细 $MoO_2$ 颗粒；然后纳米钼晶核在氢气还原 $MoO_2$

的过程中通过化学气相传输方式生长。

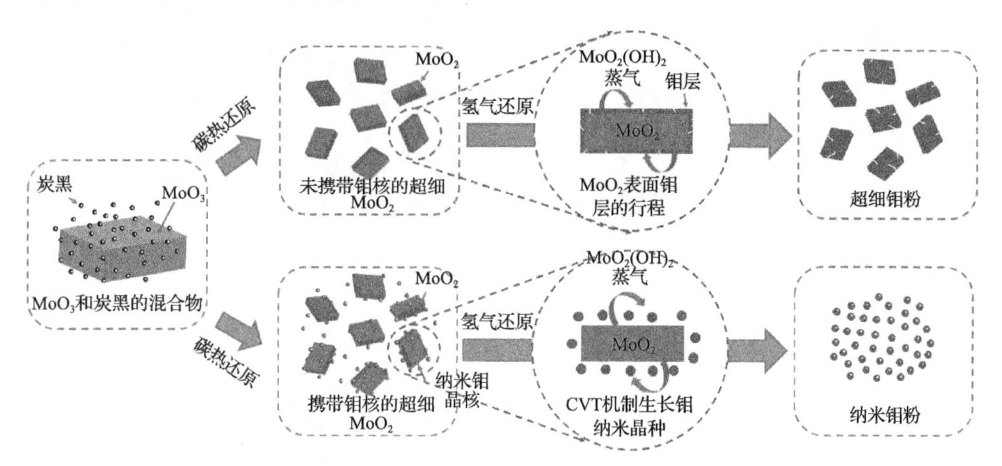


图 5-19 氢气还原含纳米钼晶核的 $MoO_2$ 制备纳米钼粉的机理示意图

## 5.3 炭黑为还原剂(高配碳比时)

5.2 节在缺碳预还原+氢气深脱氧的工艺基础上，采用了低配碳比的炭黑作为还原剂。在第一段碳热还原反应结束后，制备了含一定量分散、细小钼晶核的 $MoO_2$，随后通过氢气低温还原 $MoO_2$，使钼晶核通过化学气相传输机理长大，最终成功制备超细钼粉。如果当配碳比较高时，结果又会如何呢？本节将继续探索在第一段采用高配碳比时，利用缺碳预还原+氢气深脱氧工艺制备超细钼粉，同时研究不同碳的种类对反应产物及机理的影响，为低成本、高效率生产超细钼粉提供理论指导。配碳的原则是碳热还原后的产物为含有少量 $MoO_2$ 的预还原钼粉，然后通过对预还原钼粉进行深脱氧制备高纯度的超细钼粉。

### 5.3.1 实验原料和方法

本节使用商业 $MoO_3$ 和炭黑(图 5-11)为原料，同时研究碳的粒度和结晶性对反应机理及产物形核、生长和产物粒度的影响，活性炭和石墨也将作为还原剂进行对比研究。活性炭和石墨的 FE-SEM 照片分别如图 5-20(a)和图 5-20(b)所示，从中可以看出活性炭和石墨的平均粒径分别为 30μm 和 10μm。将 $MoO_3$ 和炭黑均匀混合，得到 $n(C)/n(MoO_3)$ 分别为 2.0、2.1、2.2、2.3、2.7、2.75 和 2.8 的炭黑和 $MoO_3$ 的混合物。此外，采用同样的方式制备 $MoO_2$ 与炭黑($n(C)/n(MoO_3)$ 为 1.6)的混合物、$MoO_3$ 与活性炭的混合物($n(C)/n(MoO_3)$ 为 2.8)、$MoO_3$ 与石墨的混合物($n(C)/n(MoO_3)$ 为 2.8)。

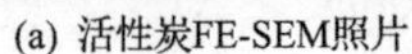

(a) 活性炭FE-SEM照片　　(b) 石墨FE-SEM照片

图 5-20　原料

### 5.3.2　热力学计算与分析

碳热还原 $MoO_3$ 制备金属钼的一个首要问题是确定 $n(C)/n(MoO_3)$ 的理论化学计量比。采用 Factsage7.0（纯物质数据库，下同）进行了标准状态下 C-$MoO_3$ 体系的热力学计算。图 5-21(a)是 C-$MoO_3$ 体系在标准状态下的平衡相图。从图中可以看到，即使在室温，$MoO_3$ 和碳在热力学上也不能共存；当温度低于约 600℃时，$MoO_2$ 可以与碳共存；当温度高于约 635℃，$MoO_2$ 可以与碳反应生成 $Mo_2C$；当温度低于约 1090℃时，$MoO_2$ 可以与 $Mo_2C$ 共存；当温度高于 1090℃时，$Mo_2C$ 不能与 $MoO_2$ 共存，反应生成 Mo。所以，为了制备钼，首先计算在 1100℃、1atm[①]压力，不同 $x$($MoO_3 + x$C，2mol≤$x$≤3mol)物料的平衡物相组成及对应的失重，结果如图 5-21(b)所示。从中可以发现，当 $n(C)/n(MoO_3)$ 为 2.3 时，固体产物中仅有钼，表明制备钼的热力学理论 $n(C)/n(MoO_3)$ 约为 2.3。考虑到在实际情况下，气体产物的分压一般都小于 1atm，因此，进一步计算了非标态时的相图。如图 5-21(c)所示为在气体压力为 0.01atm 时的 C-$MoO_3$ 相图。从图中

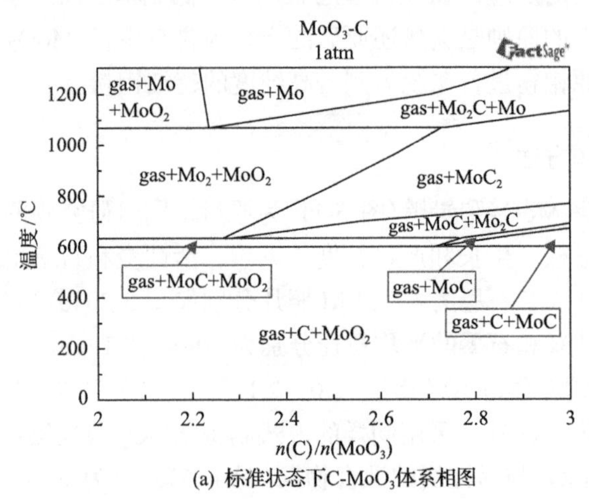


(a) 标准状态下C-$MoO_3$体系相图

① 1atm=101.325kPa。

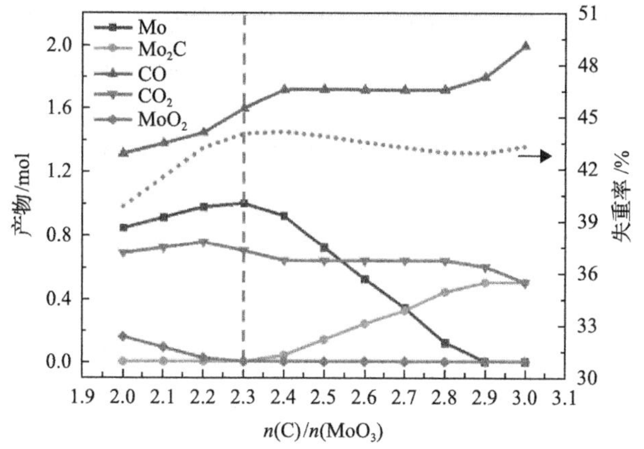


(b) 1100℃标准状态下，不同$n(C)/n(MoO_3)$样品($MoO_3+xC$，2mol≤$x$≤3mol)的热力学稳定相的含量和相应的失重

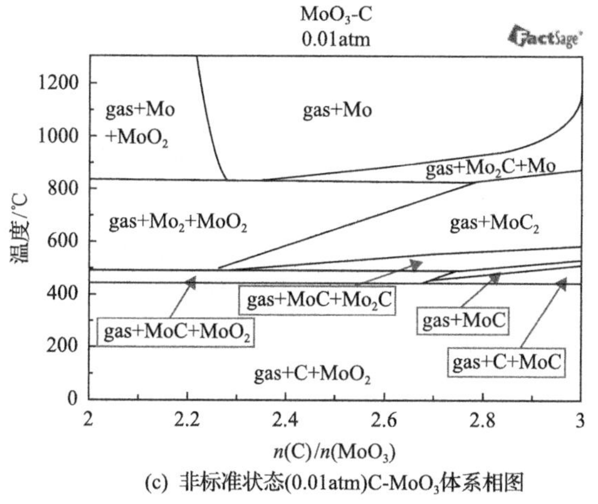


(c) 非标准状态(0.01atm)C-$MoO_3$体系相图

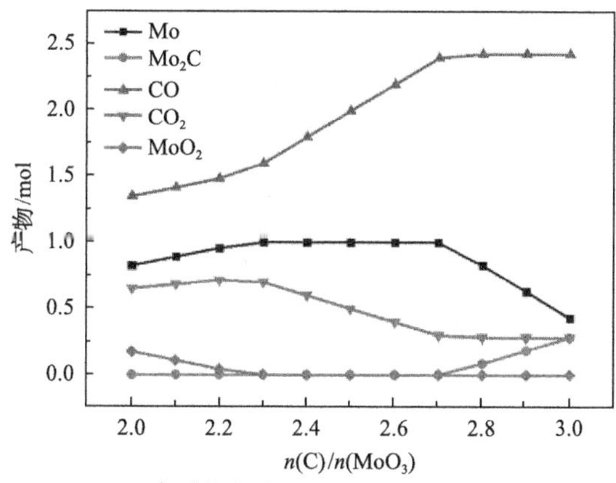


(d) 900℃标准状态下，不同$n(C)/n(MoO_3)$样品($MoO_3+xC$，2mol≤$x$≤3mol)的热力学稳定相的含量

图 5-21 不同$n(C)/n(MoO_3)$制备钼粉的热力学计算数据

可以看到，当气体压力降低至 0.01atm 后，各产物稳定共存的温度区间都明显降低，如 $MoO_2$ 和 $Mo_2C$ 的共存温度上限从约 1090℃降至约 820℃。图 5-21(d)所示是在 0.01atm 下 900℃时，不同 $x(MoO_3+xC, 2mol\leqslant x\leqslant 3mol)$ 下的平衡物相组成。从中可以看到，当 $n(C)/n(MoO_3)$ 为 2.3 时，平衡固体产物中也仅有钼。此外，在 1000℃下气体压力为 0.1atm，$n(C)/n(MoO_3)$ 为 2.3 时平衡固体产物中也仅有钼。因此，2.3 应该是碳热还原 $MoO_3$ 制备钼粉的理论 $n(C)/n(MoO_3)$，相应的反应可描述为式(5-2)，其理论失重率为 44.06%。

$$MoO_3 + 2.3C = Mo + 1.6CO + 0.7CO_2 \tag{5-2}$$

### 5.3.3 反应过程分析

#### 5.3.3.1 TG-DTA 分析

采用热重-差热分析技术(TG-DTA)研究了不同 $n(C)/n(MoO_3)$ 样品的反应过程和机理。如图 5-22 所示为炭黑和 $MoO_3$ 在 $n(C)/n(MoO_3)$ 分别为 1.0、2.3、2.7 和 2.8 时的 TG-DTA 曲线(升温速率为 5℃/min)。随着温度的升高，反应过程有三个明显的反应阶段(图 5-22(a)和图 5-22(b))。在第一阶段，$MoO_3$ 和炭黑之间的反应约在 500℃开始，并且在约 560℃时 DTA 曲线中出现了非常明显的放热峰，第一阶段的反应结束于约 650℃。第二阶段约在 850℃开始，在 DTA 曲线中出现了一个(或两个)非常明显的吸热峰。第三阶段开始于 880～900℃，在 DTA 曲线中也有一个较为明显的吸热峰。当 $n(C)/n(MoO_3)$ 增加到 2.7 时，反应依然可以分为三个阶段，但是在第二阶段出现两个明显的吸热峰，而在第三阶段的 DTA 曲线(901～928℃)的吸热峰非常微弱(图 5-22(c))。但是，当 $n(C)/n(MoO_3)$ 增加至 2.8 时，反应只有两个阶段，相比于低配比的情况，第三阶段的反应消

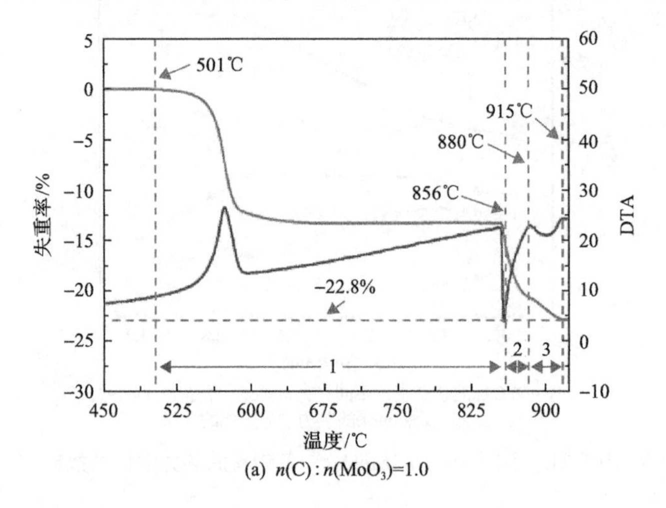


(a) $n(C):n(MoO_3)=1.0$

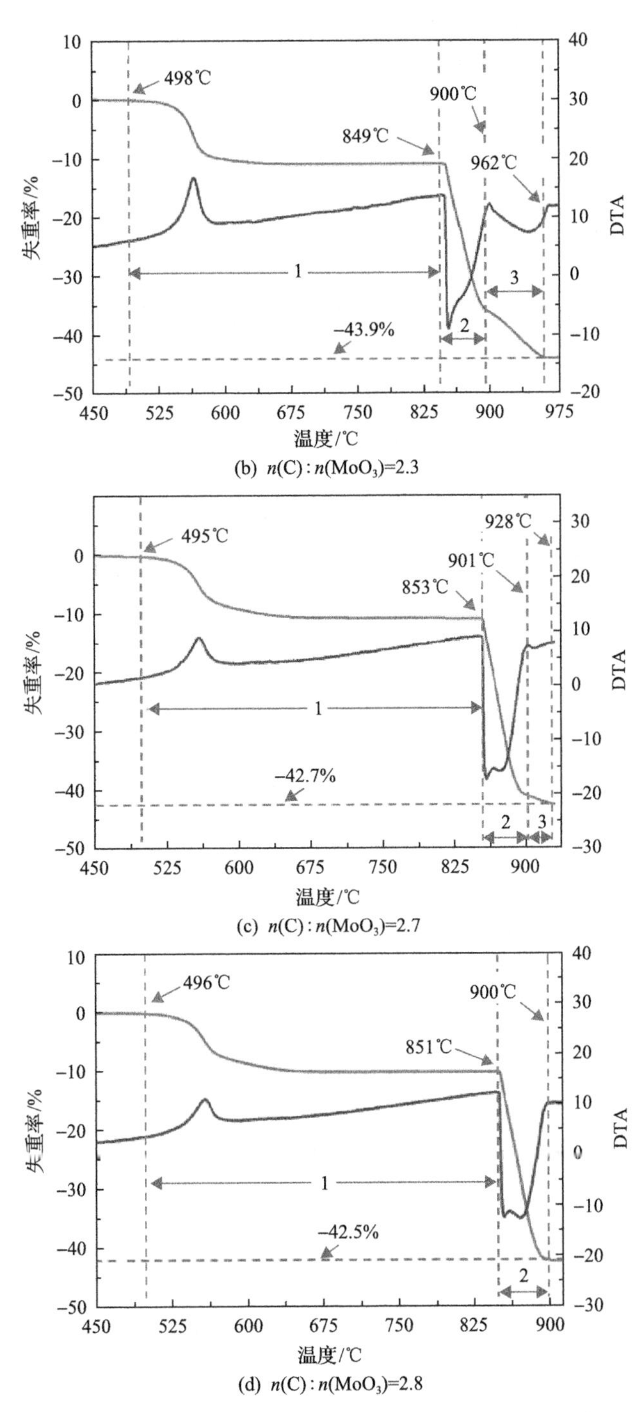

(b) $n(C):n(MoO_3)=2.3$


(c) $n(C):n(MoO_3)=2.7$


(d) $n(C):n(MoO_3)=2.8$

图 5-22　不同 $n(C)/n(MoO_3)$ 时炭黑还原 $MoO_3$ 的 TG-DTA 曲线

失(图 5-22(d))。此外，当 $n(C)/n(MoO_3)$ 为 2.3～2.8 时，第二阶段的 DTA 曲线有两个明显的吸热峰，表明存在两个吸热反应。

### 5.3.3.2　物相转变分析

采用XRD分析进一步研究炭黑与 $MoO_3$ 反应过程中的物相转变过程和反应机理。首先分析 $n(C)/n(MoO_3)$ 为 2.3 的情况，从图 5-22(b)的 TG-DTA 曲线中选取 7 个温度的产物来检测并分析其物相组成。在这些温度所获得产物的 XRD 图如图 5-23(a)和图 5-23(b)所示。从中可以看到，在 540℃和 555℃时的含钼物相为 $MoO_2$ 和 $MoO_3$，而所有的 $MoO_3$ 在 680℃时都被还原为 $MoO_2$，表明第一阶段的物相转变是从 $MoO_3$ 到 $MoO_2$。值得注意的是，在这个过程中并没有出现在氢气还原 $MoO_3$ 过程中出现的中间相 $Mo_4O_{11}$[10]。当温度升至约 850℃时，$MoO_2$ 与炭黑之间开始发生反应。860℃和 880℃时产物的含钼物相为 $MoO_2$ 和 $Mo_2C$，没有出现 Mo。随着温度从 860℃升高到 900℃，$Mo_2C$ 的衍射峰强度逐渐增强，而 $MoO_2$ 的衍射峰强度逐渐减弱。因此，在第二阶段，主要的物相转变是从 $MoO_2$ 到 $Mo_2C$。

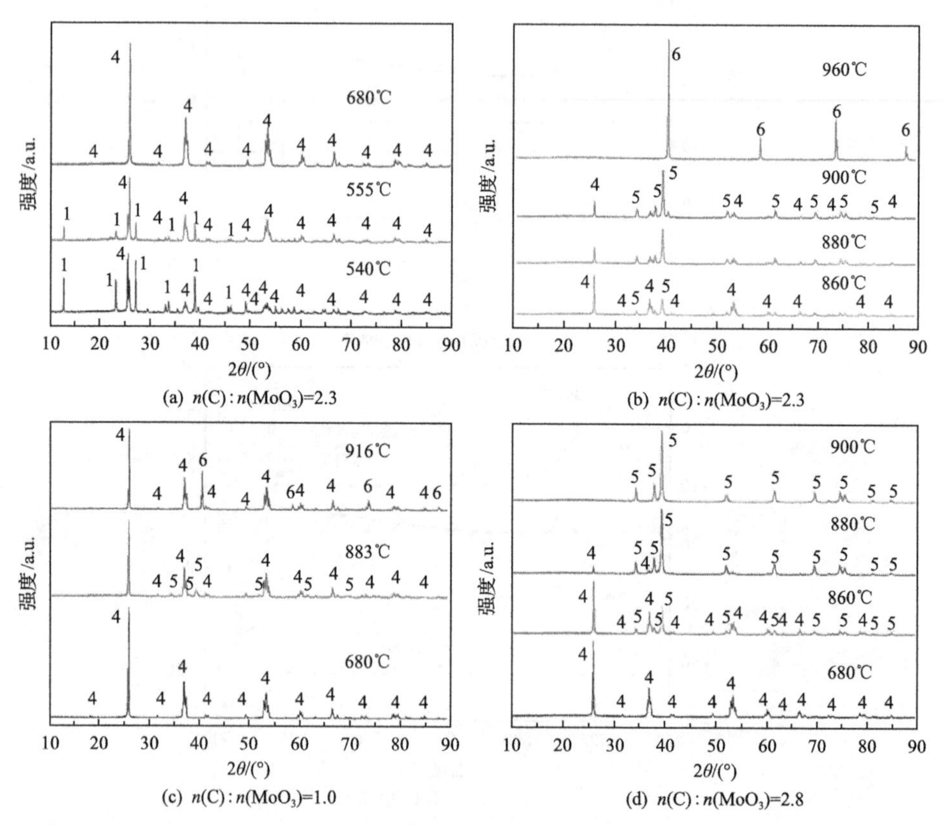


(a) $n(C):n(MoO_3)=2.3$　　(b) $n(C):n(MoO_3)=2.3$

(c) $n(C):n(MoO_3)=1.0$　　(d) $n(C):n(MoO_3)=2.8$

图 5-23　不同 $n(C)/n(MoO_3)$ 的炭黑和 $MoO_3$ 在图 5-22 中不同温度下产物的 XRD 图

1-$MoO_3$；4-$MoO_2$；5-$Mo_2C$；6-Mo

在 960℃时，产物中仅含有 Mo，没有 $MoO_2$ 和 $Mo_2C$，因此在第三阶段的物相变化是 $Mo_2C$ 和 $MoO_2$ 反应生成 Mo。

此外，对 $n(C)/n(MoO_3)$ 为 1.0 和 2.8 的样品也选了在不同温度时的产物进行了 XRD 分析，结果如图 5-23(c)和图 5-23(d)所示。从中可以看到，当 $n(C)/n(MoO_3)$ 为 1.0 时，第一阶段的产物为 $MoO_2$；在第二阶段结束时(883℃)的物相组成为 $MoO_2$ 和 $Mo_2C$；在第三阶段结束时的产物为 $MoO_2$ 和 Mo。因此，三个阶段发生的反应与 $n(C)/n(MoO_3)$ 为 2.3 时相似。当 $n(C)/n(MoO_3)$ 为 2.8 时，在第二阶段 860℃和 880℃时的含钼产物为 $MoO_2$ 和 $Mo_2C$，而在 900℃时的产物仅有 $Mo_2C$。图 5-24 是 $n(C)/n(MoO_3)$ 分别为 2.7、2.75 和 2.8 在变温实验反应结束时的产物 XRD 图及 $n(C)/n(MoO_3)$ 为 2.8 时在 860℃保温至反应结束后产物的 XRD 图。从图中可以看到，当 $n(C)/n(MoO_3)$ 分别为 2.7 和 2.75 时产物中依然存在少量的 Mo，而当 $n(C)/n(MoO_3)$ 增至 2.8 时产物中只有 $Mo_2C$。通过对产物中的碳含量进行分析，发现当 $n(C)/n(MoO_3)$ 分别为 2.3、2.7、2.75 和 2.8 时，$m(C)$ 分别为 0.10%、4.83%、5.40%和 5.94%。而 $Mo_2C$ 中的理论 $m(C)$ 为 5.88%，因此，制备 $Mo_2C$ 的 $n(C)/n(MoO_3)$ 约为 2.8。

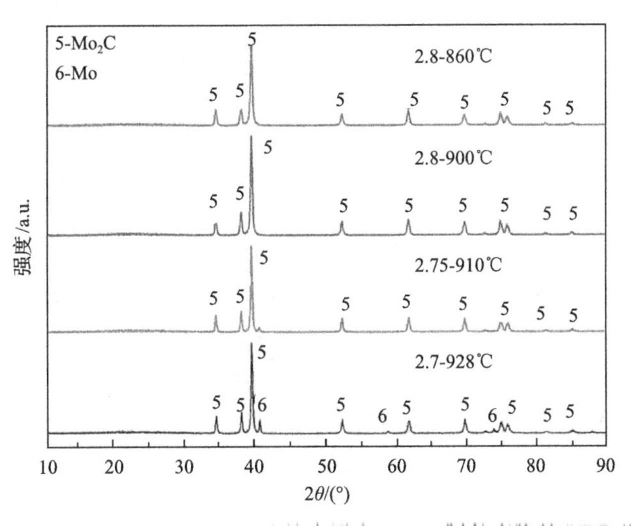


图 5-24 不同 $n(C)/n(MoO_3)$ 的炭黑和 $MoO_3$ 制备产物的 XRD 图

### 5.3.4 炭黑还原 $MoO_3$ 过程中的形貌和粒度演变

采用 FE-SEM 进一步分析炭黑与 $MoO_3$ 反应过程中产物的形貌和粒度的演变规律。图 5-25 是 $n(C)/n(MoO_3)$ 为 2.3 时不同温度产物的 FE-SEM 照片。从中可以看到，在反应前，较大的 $MoO_3$ 颗粒被小的炭黑颗粒包围。当温度高于 500℃时，$MoO_3$ 被直接还原为 $MoO_2$。当温度为 540℃时，结合 XRD 和 EDS 结果，此时的物相为未反应的 $MoO_3$ 颗粒和炭黑颗粒及生成的片状 $MoO_2$(图 5-25(b))。$MoO_3$

依然保持了原始的光滑形貌，但是在炭黑颗粒的附近生成了大量分散的 $MoO_2$ 纳米片。当温度为 680℃时，产物中的 $MoO_2$ 呈片状且平均粒径约 100nm，远小于原始 $MoO_3$ 颗粒的粒径(图 5-25(c))。当温度为 860℃和 900℃时，受益于 $MoO_2$ 和炭黑颗粒较小的尺寸，所产生的 $Mo_2C$ 颗粒也具有纳米级粒度(图 5-25(d)和图 5-25(g))。当温度为 960℃时，可以看到制备出的钼颗粒的平均尺寸约为 80nm(图 5-25(e))。综上可以发现，微米 $MoO_3$ 颗粒可以被炭黑还原为 $MoO_2$ 纳米片并进一步还原为纳米钼颗粒。然而，制备的纳米钼粉具有约 0.1%的残余碳含量。图 5-26 是 $n(C)/n(MoO_3)$ 为 2.8 的样品在不同温度反应后产物的 FE-SEM 照片。从中可以看到，产物的形貌和粒度的演变过程整体上与 $n(C)/n(MoO_3)$ 为 2.3 时的

(a) 反应前　(b) 540℃　(c) 680℃　(d) 860℃　(e) 900℃　(f) 960℃

图 5-25　当 $n(C):n(MoO_3)=2.3$ 时不同温度产物的 FE-SEM 照片

(a) 反应前　(b) 560℃　(c) 680℃　(d) 860℃　(e) 880℃　(f) 900℃

图 5-26　当 $n(C):n(MoO_3)=2.8$ 时不同温度产物的 FE-SEM 照片

相似。但是，560℃和680℃时所生成的$MoO_2$纳米片的粒度更小，其横向尺寸达到约60nm，厚度为十几纳米。最终制备的球形$Mo_2C$纳米颗粒的粒度约为30nm。因此，当$n(C)/n(MoO_3)$从2.3增至2.8时，片状$MoO_2$的粒度显著减小，最终产物($Mo_2C$)的粒度也显著减小。

### 5.3.5 高纯超细钼粉制备

#### 5.3.5.1 缺碳预还原$MoO_3$制备预还原钼粉

尽管可以通过碳热还原制备出超细钼粉，但是难以实现精准配碳，从而导致所制备的钼粉具有较高的残余碳。因此，为了降低钼粉中残余碳的含量，本节采用“缺碳预还原+氢气深脱氧”的还原策略制备高纯、超细钼粉：首先通过$MoO_3$与不足量的炭黑反应来制备含有少量$MoO_2$的预还原钼粉；然后通过氢气进一步对预还原钼粉进行还原以除去残留的$MoO_2$。由于$MoO_2$和炭黑之间的反应开始于约850℃，因此将不同$n(C)/n(MoO_3)$的样品以5℃/min的加热速率加热至850℃以上的温度，保温至反应结束。图5-27显示了$n(C)/n(MoO_3)$为2.1时最终温度

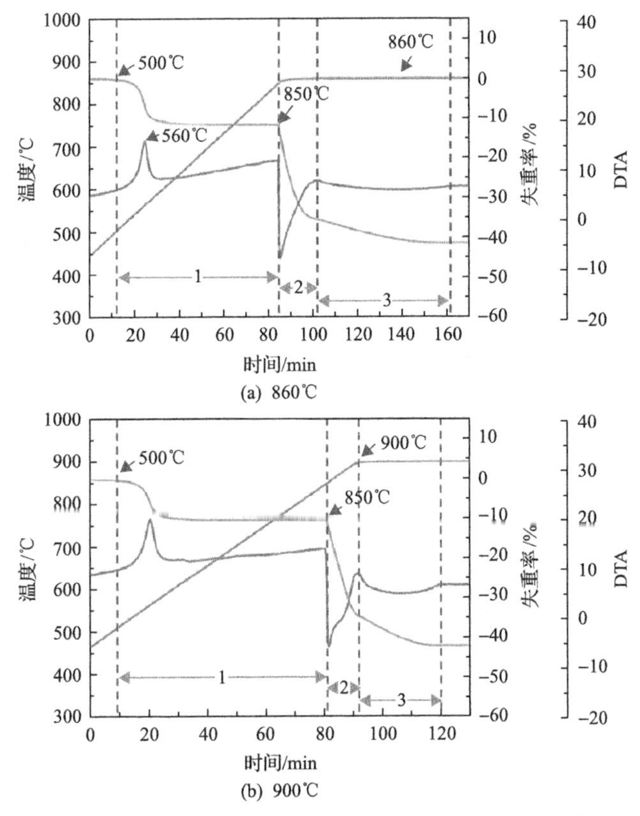


图5-27 不同的最终温度下(5℃/min升温速率)$n(C)/n(MoO_3)$=2.1混合物的TG-DTA曲线

分别为 860℃和 900℃的 TG-DTA 曲线。从中可以发现其 TG-DTA 曲线与图 5-22(a)和图 5-22(b)类似，并且反应过程也包括上述分析的三个阶段。

图 5-28 为在不同 $n(C)/n(MoO_3)$ 和不同温度下制备的预还原钼粉产物的 XRD 图。从中可以看到，当 $n(C)/n(MoO_3)$ 为 2.3 时，在 900℃和 1000℃下的产物仅存在 Mo 的特征峰。然而，900℃和 1000℃下制备的钼粉的残余碳含量 $m(C)$ 分别为 0.130%和 0.090%。当 $n(C)/n(MoO_3)$ 从 2.3 降至 2.0 时，$MoO_2$ 的衍射峰强度在 900℃和 1000℃逐渐增加。当 $n(C)/n(MoO_3)$ 为 2.1 时，在 860～1000℃的各种温度下制备的预还原的钼粉末中仅存在少量 $MoO_2$，并且 $MoO_2$ 在不同温度下的衍射峰强度几乎相同(图 5-28(c))。$Mo_2C$ 是炭黑还原 $MoO_3$ 制备钼粉的中间产物，然而即使在 860℃的较低温度下，$MoO_2$ 和 $Mo_2C$ 之间的反应也可以进行完全。此外，可以发现当 $n(C)/n(MoO_3)$ 从 2.3 降至 2.2 时，在 900℃制备产物的残余碳含量 $m(C)$ 从 0.130%显著降至 0.051%，在 1000℃下 $m(C)$ 显著从 0.090%降至 0.039%。因此，$n(C)/n(MoO_3)$ 和温度都会影响最终产物的残余碳含量。

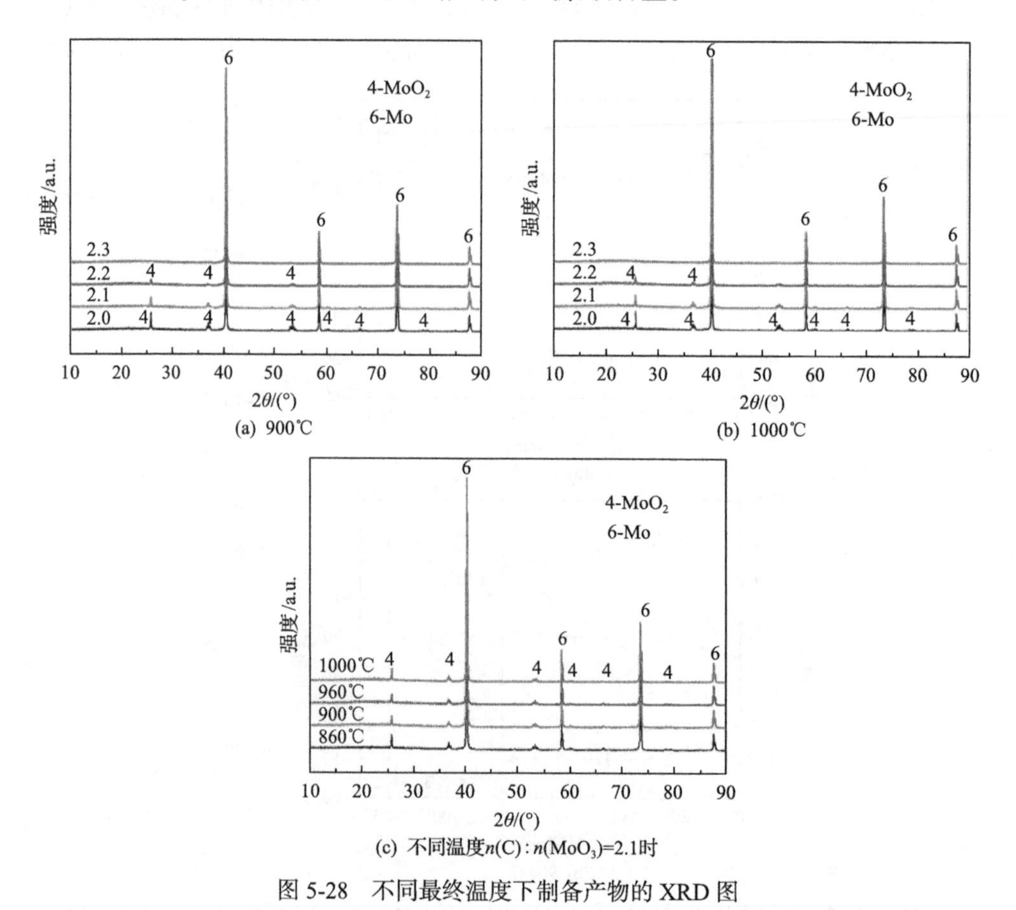


(a) 900℃ (b) 1000℃

(c) 不同温度 $n(C):n(MoO_3)=2.1$ 时

图 5-28 不同最终温度下制备产物的 XRD 图

图 5-29 是在不同 $n(C)/n(MoO_3)$ 和温度下制备的预还原钼粉的 FE-SEM 照片。从中可以看出，在不同条件下，产物颗粒具有近球形的形状和良好的分散性。$n(C)/n(MoO_3)$ 的变化对粒径和形貌没有明显影响。然而，当温度升高时，钼颗粒的粒径增加。为了获得颗粒的平均尺寸，选取了 FE-SEM 显微照片中不同视场中的 300 个颗粒进行粒径统计(图 5-29(a)、图 5-29(d)和图 5-29(e))。在 860℃时，钼纳米颗粒的平均粒径为 67.1nm；当温度升至 900℃时，大部分颗粒的尺寸小于 90nm，平均值为 74.8nm；当温度升至 1000℃时，平均尺寸增至 88.6nm。因此，温度对产物粒径的影响较大。

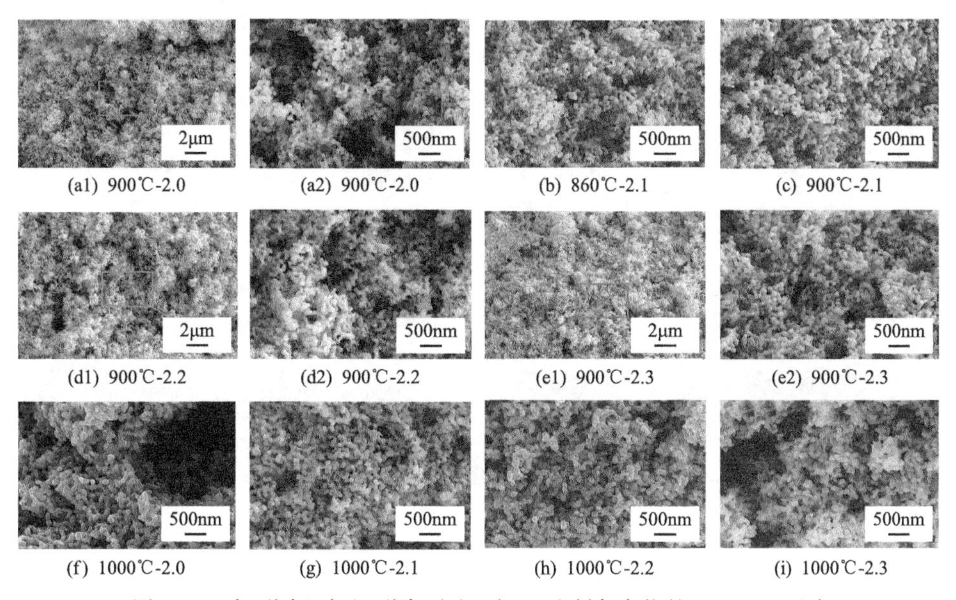


(a1) 900℃-2.0 (a2) 900℃-2.0 (b) 860℃-2.1 (c) 900℃-2.1
(d1) 900℃-2.2 (d2) 900℃-2.2 (e1) 900℃-2.3 (e2) 900℃-2.3
(f) 1000℃-2.0 (g) 1000℃-2.1 (h) 1000℃-2.2 (i) 1000℃-2.3

图 5-29 在不同温度和不同 $n(C)/n(MoO_3)$ 制备产物的 FE-SEM 照片

#### 5.3.5.2 预还原钼粉的氢气深脱氧

为了将少量 $MoO_2$ 全部还原为 Mo，将在不同温度和 $n(C)/n(MoO_3)$ 获得的预还原钼粉末在 775℃下进行氢气还原(30min)，可看到所有样品的 $MoO_2$ 衍射峰在氢气处理后消失(图 5-30)。在氢气还原处理后发现残余碳含量进一步降低。对于在 1000℃下 $n(C)/n(MoO_3)$ 为 2.0 的 Mo 产物，氢气处理后的残余碳含量 $m(C)$ 从 0.042%显著下降至 0.02%。然而，当残余 $MoO_2$ 的量减少时(对应于 $n(C)/n(MoO_3)$ 的增加)，氢气处理之前和处理之后的残余碳含量的相对变化变小。例如，在 1000℃下，当 $n(C):n(MoO_3)=2.2$ 时，残余碳含量 $m(C)$ 仅从 0.039%降至 0.031%。因此，预还原的钼粉末中的残余 $MoO_2$ 有利于在氢气还原过程中进一步降低残留的碳。根据 775℃氢气处理后钼粉的 FE-SEM 显微照片，在氢气处理之后，产物的粒径几乎没有变化。

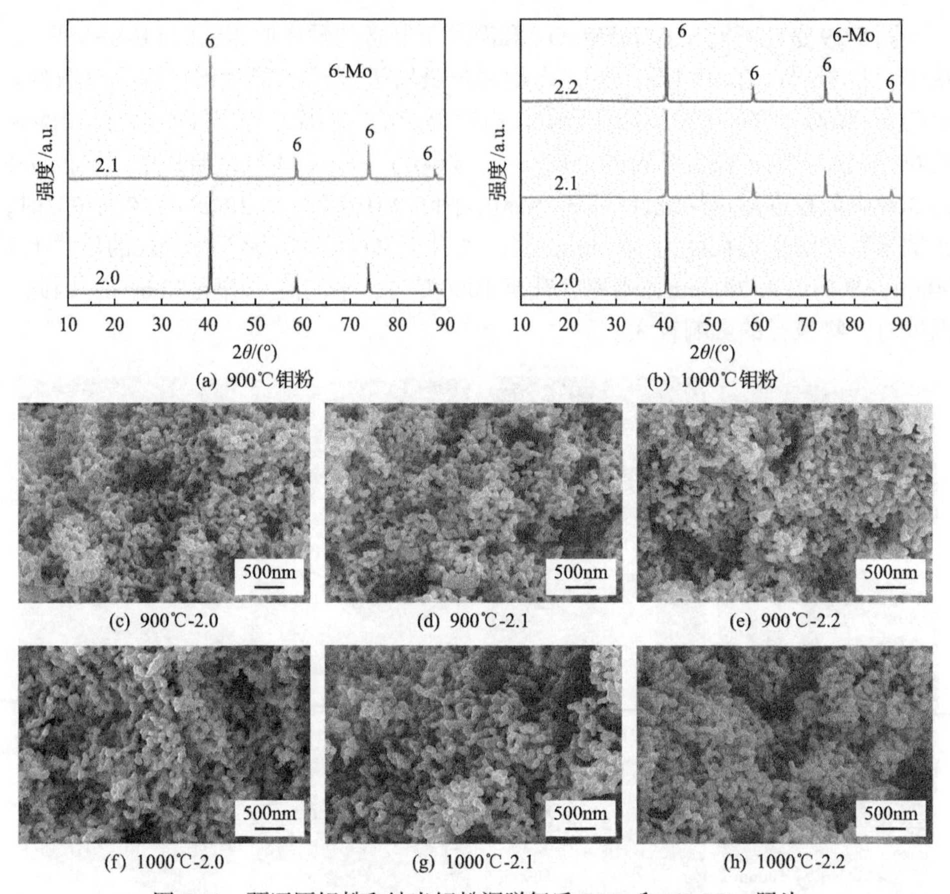


(a) 900℃钼粉　(b) 1000℃钼粉

(c) 900℃-2.0　(d) 900℃-2.1　(e) 900℃-2.2

(f) 1000℃-2.0　(g) 1000℃-2.1　(h) 1000℃-2.2

图 5-30　预还原钼粉和纳米钼粉深脱氧后 XRD 和 FE-SEM 照片

为了进一步降低纳米钼粉中的碳含量，采用含 2%水蒸气(体积分数)的氢气对 1000℃下 $n$(C)/$n$($MoO_3$)为 2.0 制备的预还原钼粉进行深脱碳(775℃，30min)，然后再用干氢进行深脱氧(775℃，30min)。最终，制备纳米钼粉的碳含量从预还原纳米钼粉的 0.042%降至 0.008%。

## 5.3.6　讨论

### 5.3.6.1　反应机理分析

根据前面的讨论可知，炭黑还原 $MoO_3$ 制备钼粉包含三个阶段。在第一阶段，$MoO_3$ 直接被还原为 $MoO_2$。由 Factsage 7.0 计算得到在 560℃和标准状态下 1mol $MoO_3$ 和 2.3mol℃的平衡气相组成为 $0.46CO_2$+0.0825CO。此外，当低于 710℃时，碳热还原金属氧化物的主要气体产物为 $CO_2$[5-8]。因此，第一阶段的主要反应可以描述为反应式(5-3)，其为放热反应。

在 710℃以上的温度，碳热还原金属氧化物的主要气体为 CO 而不是 $CO_2$[5-8]。这是因为在 710℃以上的温度，$CO_2$ 可以与 C 反应生成 CO（式（5-4）），该反应相应的吉布斯自由能变化与温度的关系如图 5-31（a）所示（反应的临界温度为 710℃）。值得注意的是，在图 5-22（b）～图 5-22（d）中 850～900℃的温度范围内存在两个吸热峰，这可能对应于两个吸热反应。结合上述 XRD 分析，在 850～900℃下发生的两个主要反应可能是反应式（5-5）和式（5-6）。从这两个反应的标准吉布斯自由能的变化和标准焓的变化图中可以看出，两个反应的标准吉布斯自由能变在 746℃以上都是负值，表明在 746℃以上的温度是热力学可行性，而且都是吸热反应（图 5-31（a）和图 5-31（b））。另外，在存在 C 的情况下，Mo 可以继续与 C 反应生成热力学更稳定的 $Mo_2C$（反应式（5-7）），这可能也是在 860～900℃的产物中未检测到钼的原因。此外，反应式（5-5）和式（5-6）生成的 CO 也可以在 800～1000℃与 $MoO_2$ 反应产生 $Mo_2C$ 和 $CO_2$，如反应式（5-8）所示，而且生成的 $CO_2$ 可以进一步与炭黑反应产生 CO（反应式（5-4）），以促进碳的迁移。在标准条件下，反应式（5-8）的标准吉布斯自由能变化在 889℃以下是负的。然而，根据热力学理论，当 CO

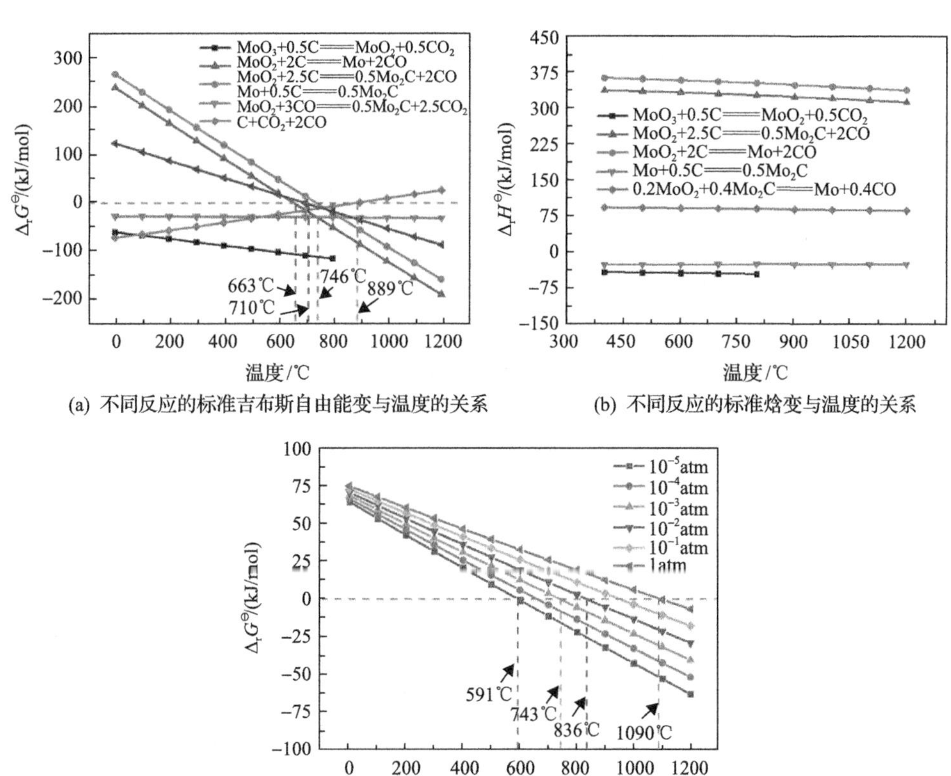


(a) 不同反应的标准吉布斯自由能变与温度的关系

(b) 不同反应的标准焓变与温度的关系

(c) 不同CO分压下反应式(5-9)的实际吉布斯自由能变化与温度的关系

图 5-31　钼氧化物碳热还原过程反应的热力学计算

与 $CO_2$ 的分压比增加时，反应式(5-8)的临界温度会升高。因此，气态产物 CO 和 $CO_2$ 也可以参与碳热还原氧化钼的过程中，并改善反应动力学，以促进碳和氧的迁移。

综上所述，当 $n(C)$ ∶ $n(MoO_3)$=2.8 时，第二阶段反应完全之后的产物为 $Mo_2C$。但是，当 $n(C)$ ∶ $n(MoO_3)$＜2.8 时，在第三阶段 $Mo_2C$ 可以和剩余的 $MoO_2$ 之间进一步反应生成 Mo，如反应式(5-9)所示(吸热反应)。在标准状态下，反应式(5-9)的吉布斯自由能变如图 5-31(c)所示，反应式(5-9)的反应温度高于 1090℃。然而，在目前的实验条件下，发现 $MoO_2$ 和 $Mo_2C$ 之间的反应可以在低至 860℃的低温下进行，这远低于理论临界温度 1090℃。为了进一步研究这种现象的热力学原因，根据式(5-10)在不同的 CO 分压下计算了反应式(5-9)的吉布斯自由能变(图 5-31(c))。当 CO 的分压降低时，反应式(5-9)的临界反应温度逐渐降低。当 CO 的分压为 0.01atm 时，临界温度可降至 836℃。在本研究的实验条件下，样品在流动的氩气(60mL/min)下发生反应，产生的 CO 可以随氩气被带走，这导致 CO 的分压相对较低，故 $MoO_2$ 和 $Mo_2C$ 之间的反应可以在较低的温度下发生。

$$MoO_3 + 0.5C \xlongequal{} MoO_2 + 0.5CO_2 \tag{5-3}$$

$$CO_2 + C \xlongequal{} 2CO \tag{5-4}$$

$$MoO_2 + 2C \xlongequal{} 0.5Mo + 2CO \tag{5-5}$$

$$MoO_2 + 2.5C \xlongequal{} 0.5Mo_2C + 2CO \tag{5-6}$$

$$Mo + 0.5C \xlongequal{} 0.5Mo_2C \tag{5-7}$$

$$MoO_2 + 3CO \xlongequal{} 0.5Mo_2C + 2.5CO_2 \tag{5-8}$$

$$0.2MoO_2 + 0.4Mo_2C \xlongequal{} Mo + 0.4CO \tag{5-9}$$

$$\Delta_r G_{(\text{反应式(5-9)})} \xlongequal{} \Delta_r G^{\ominus}_{(\text{反应式(5-9)})} + RT\ln\left(\frac{P_{CO}}{P^{\ominus}}\right)^{0.4} \tag{5-10}$$

结合以上的失重、XRD 和反应分析，炭黑和 $MoO_3$ 在不同配比的物相转变历程描述为图 5-32。当 $n(C)$ ∶ $n(MoO_3)$=0.5 时，反应仅有一段，$MoO_3$ 被直接还原为 $MoO_2$，反应完全后的产物为 $MoO_2$ ($MoO_3$(s)→$MoO_2$)；当 $n(C)$ ∶ $n(MoO_3)$=0.5～2.3 时，反应含三个阶段，反应的最终产物为 $MoO_2$ 和 Mo ($MoO_3$(s)→$MoO_2$→$MoO_2$+$Mo_2C$→$MoO_2$+Mo)；当 $n(C)$ ∶ $n(MoO_3)$=2.3 时，反应的最终产物为 Mo ($MoO_3$(s)→$MoO_2$→$MoO_2$+$Mo_2C$→Mo)；当 $n(C)$ ∶ $n(MoO_3)$=2.3～2.8 时，反应也包含三个阶段，最终产物为 Mo 和 $Mo_2C$ ($MoO_3$(s)→$MoO_2$→$MoO_2$+$Mo_2C$→

$Mo+Mo_2C$)；而当 $n(C)/n(MoO_3)$约为 2.8 时，反应仅有两个阶段，最终产物为 $Mo_2C$($MoO_3(s)\rightarrow MoO_2\rightarrow Mo_2C$)。因此，$n(C)/n(MoO_3)$决定了最终产物的组成。需要指出的是第二阶段也有可能同时存在较弱的钼的生成反应(式(5-5))。

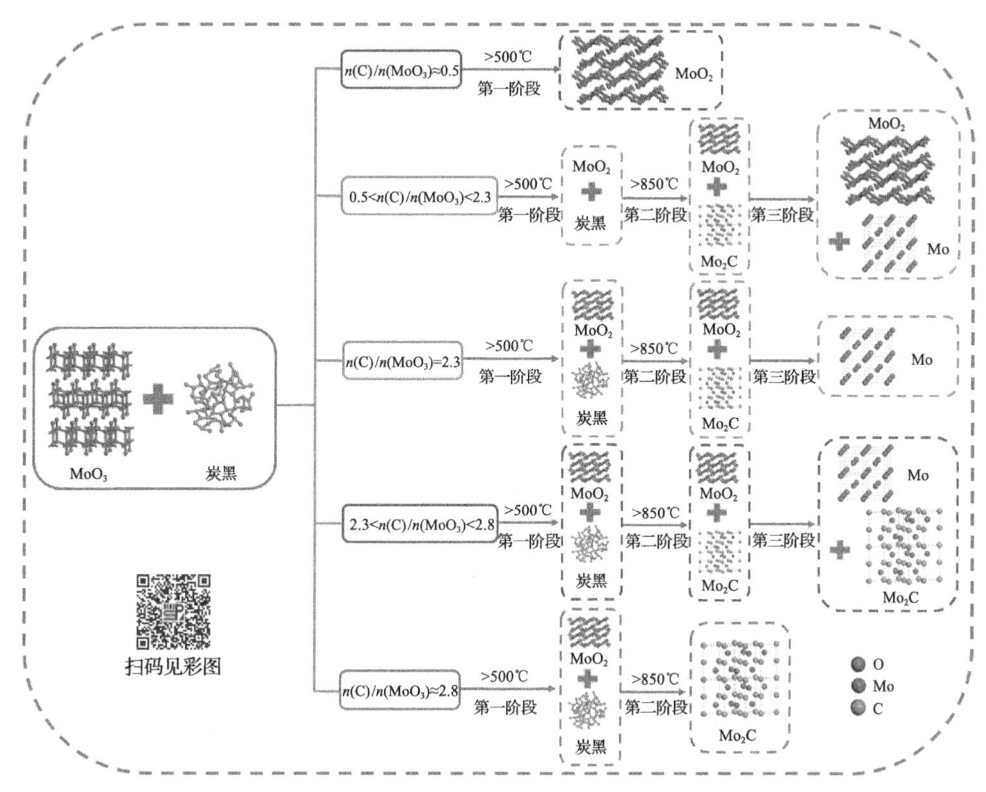


图 5-32 炭黑还原 $MoO_3$ 的物相转变历程示意图

在上述的研究中发现炭黑与 $MoO_3$ 反应并没有出现中间产物 $Mo_4O_{11}$，但是据报道在用氢气或 CO 还原 $MoO_3$ 的过程中会出现中间产物 $Mo_4O_{11}$[10]。为进一步揭示 $MoO_3$ 还原的反应机理，采用不同的还原剂，如活性炭、石墨、10%$CH_4/H_2$ 和 CO 与 $MoO_3$ 进行反应并研究其反应过程。图 5-33 和图 5-34 分别为活性炭、石墨、10%$CH_4/H_2$ 和 CO 与 $MoO_3$ 反应的 TG-DTA 图(升温速率 5℃/min 至失重恒定)和不同温度时产物的 XRD 图。以活性炭为还原剂时($n(C)/n(MoO_3)$为 2.8)，$MoO_3$ 也是被直接还原为 $MoO_2$，没有出现中间产物 $Mo_4O_{11}$，主要的(含 Mo)物相转变历程为：$MoO_3(s)\rightarrow MoO_2\rightarrow Mo_2C+MoO_2\rightarrow Mo+Mo_2C$(图 5-34(a))。而当以石墨为还原剂时($n(C)/n(MoO_3)$为 2.8)，在 $MoO_3$ 还原为 $MoO_2$ 的过程中出现了 $Mo_4O_{11}$ 中间产物，对应的物相转变历程为：$MoO_3(s)\rightarrow Mo_4O_{11}\rightarrow Mo_2C+MoO_2\rightarrow Mo+Mo_2C$。而在气体 10%$CH_4/H_2$ 还原的过程中，在 $MoO_3$ 还原为 $MoO_2$ 的过程中也出现了 $Mo_4O_{11}$，物相转变历程为：$MoO_3(s)\rightarrow Mo_4O_{11}\rightarrow MoO_2\rightarrow Mo\rightarrow Mo_2C$。对于

CO，物相转变历程为：$MoO_3(s)\rightarrow Mo_4O_{11}\rightarrow MoO_2\rightarrow Mo_2C$。因此，根据实验结果可以发现，当 $MoO_3$ 被无定型碳(炭黑或活性炭)还原时，没有出现中间产物 $Mo_4O_{11}$；而当被结晶碳(石墨)及气体还原剂还原时均出现了中间产物 $Mo_4O_{11}$，其中的原因可能与还原剂的还原能力有关。

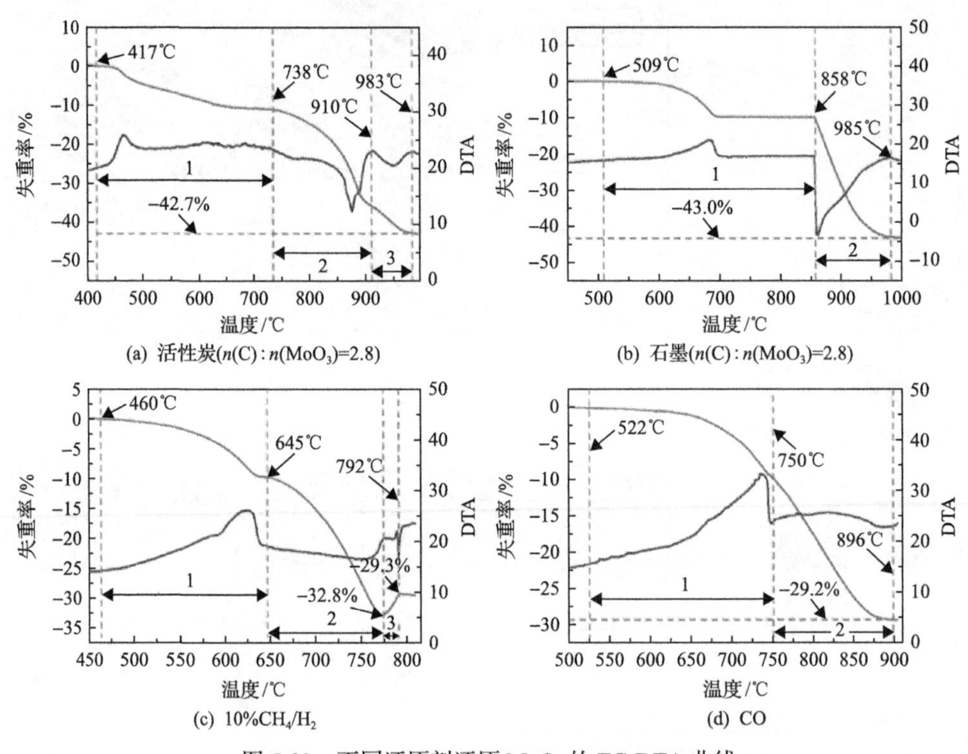


(a) 活性炭($n$(C) : $n$($MoO_3$)=2.8)　(b) 石墨($n$(C) : $n$($MoO_3$)=2.8)

(c) 10%$CH_4/H_2$　(d) CO

图 5-33　不同还原剂还原 $MoO_3$ 的 TG-DTA 曲线

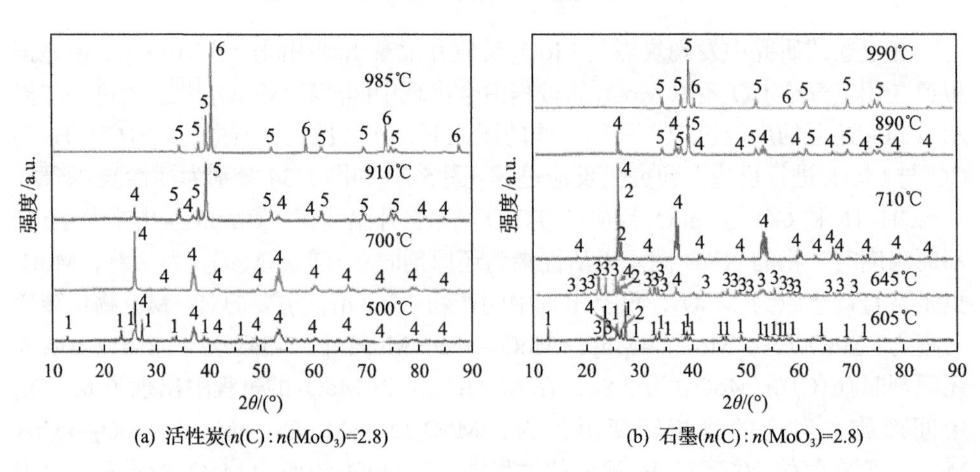


(a) 活性炭($n$(C) : $n$($MoO_3$)=2.8)　(b) 石墨($n$(C) : $n$($MoO_3$)=2.8)

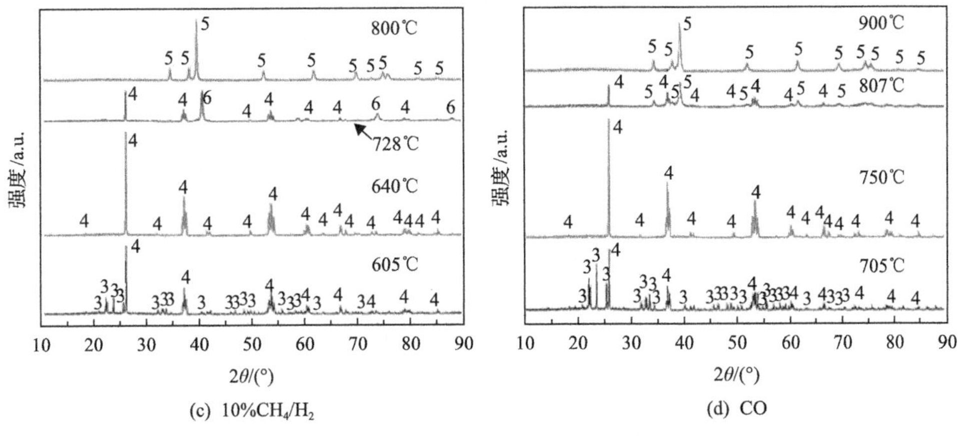


(c) 10%$CH_4/H_2$ (d) CO

图 5-34 不同还原剂还原 $MoO_3$ 在不同温度产物的 XRD 图

1-$MoO_3$；2-石墨；3-$Mo_4O_{11}$；4-$MoO_2$；5-$Mo_2C$；6-Mo

#### 5.3.6.2 炭黑还原 $MoO_3$ 形核和生长的机理分析

形核和生长是化学合成法制备纳米颗粒的关键问题。因此，对于碳热还原 $MoO_3$ 制备钼纳米颗粒，其还原过程中的形核和生长机理是关键的科学问题。通常，在液相或气相中由化学反应释放的原子或分子的形核和生长可描述如下。当化学反应产生的自由原子或分子的浓度达到一定的过饱和度时，较高的过饱和度可驱使它们形核，这些晶核可以通过原子沉积的方式生长(在液相或气相中)。此外，当纳米晶核的浓度较高时，较小的晶核也可通过聚结成较大颗粒的方式来生长[1,2]。因此，制备超细颗粒的一个关键问题是必须形成足够量的分散晶核并控制它们生长(沉积或聚结的生长方式)。

$MoO_2$ 是以 $MoO_3$ 为原料制备钼的中间产物。使用炭黑还原 $MoO_3$ 可以在第一阶段($MoO_3(s) \rightarrow MoO_2$)将大颗粒的 $MoO_3$ 还原为 $MoO_2$ 纳米片，这为进一步制备出纳米钼颗粒创造了重要的条件。然而，通过传统的氢气还原方法制备的 $MoO_2$ 总是具有几微米的大粒径，这是使用炭黑作为还原剂制备的 $MoO_2$ 纳米片的数十倍。其中有两个主要因素导致这种现象：难以形成大量分散的 $MoO_2$ 晶核及少量晶核可通过化学气相传输方式显著增长。因此，减小 $MoO_2$ 颗粒尺寸的最关键问题是形成大量分散的 $MoO_2$ 晶核并控制它们以化学气相传输方式进行生长。

使用炭黑作为还原剂的最大优点是其粒径小，并且大量的颗粒可以提供非常多的形核点(图 5-35(a))。然而，这还不足以制备超细 $MoO_2$ 纳米片。如果钼源在反应过程中难以迁移，那么钼源就难以迁移到炭黑附近并生成均匀分散的 $MoO_2$ 晶核。因此，制备 $MoO_2$ 纳米颗粒的另一个必要条件是钼源需要具有一定的迁移能力。幸运的是，据报道 $MoO_3$ 即使在较低的温度下也能通过转化为气态$(MoO_3)_3$ 而具有一定的迁移能力[11-13]。因此，这个特性可以使钼源以气相的形式迁移到炭黑附近，然后被还原并生成大量分散的 $MoO_2$ 晶核。如图 5-35(b)所示，在近球形分散的球形炭黑颗粒附近生成了大量的片状 $MoO_2$ 纳米晶核，表明钼源从 $MoO_3$ 迁移到炭黑表面并被还原和形核，这是典型的以化学气相传输方式形核和生长的现象[4]。然后，$MoO_2$ 晶核将作为制备 $MoO_2$ 的种子，气相钼源($(MoO_3)_3$)不断由 $MoO_3$ 基体迁移到炭黑和片状 $MoO_2$ 晶核附近并被还原然后沉积到 $MoO_2$ 晶核表面，即 $MoO_2$ 可以以化学气相传输方式生长。最终，大颗粒的 $MoO_3$ 颗粒都被还原为分散的 $MoO_2$ 纳米片(图 5-35(c))。因此，第一阶段可以用 $MoO_3$→气相输送相(TP，$(MoO_3)_3$)→$MoO_2$ 来描述。对于给定的钼源的量，如果增加炭黑颗粒的数量，那么形成的 $MoO_2$ 晶核的数量将会增加，则制备的 $MoO_2$ 的粒度将减小。

(a) 0.5 (b) 0.75 (c) 1.0

(d) 1.5 (e) 2.3 (f) 2.8

图 5-35 不同 $n(C)/n(MoO_3)$ 的炭黑和 $MoO_3$ 在 680℃制备的 $MoO_2$ 的 FE-SEM 照片(含不同量的炭黑)

通过分析不同 $n(C)/n(MoO_3)$ 的炭黑和 $MoO_3$ 在 680℃(程序升温法，5℃/min)制备的 $MoO_2$ 的形貌，以进一步验证炭黑颗粒的数量对生成 $MoO_2$ 的粒度的影响(图 5-35)。在这些产物中 $MoO_3$ 都被还原为 $MoO_2$(片状颗粒)并且含有不同量的未反应的炭黑(近球形颗粒)。从中可以看到随着 $n(C)/n(MoO_3)$ 从 0.5 增至 2.8，$MoO_2$ 的粒度逐渐由几百纳米减小至约 60nm。因此，可以证明通过对以上形核和生长的分析，炭黑数量的增多可以增加 $MoO_2$ 晶核的数量，进而减小 $MoO_2$ 的粒度。

$MoO_2$ 具有非常高的熔点，可达 2500℃[14]，远高于 $MoO_3$ 的熔点(795℃)。因此，与 $MoO_3$ 相比，$MoO_2$ 难以迁移。由于难以生成气相传输相，因此在第二阶段的形核和生长机理可能会与第一阶段有所不同。第一阶段中，在炭黑颗粒旁边生成了超细 $MoO_2$ 纳米片，如图 5-35(c)和图 5-35(d)所示。受益于在炭黑附近生成的 $MoO_2$ 具有非常小的粒度及炭黑和 $MoO_2$ 有较好的分散和接触，故可以在第二

阶段制备出更细的 $Mo_2C$。在第二阶段，相邻的 $MoO_2$ 和炭黑将继续反应并在炭黑和 $MoO_2$ 颗粒之间生成更细的 $Mo_2C$。另外，由于难以生成气体输送相，如 $MoO_2(OH)_2$ 或 $(MoO_3)_3$，故所形成的 $Mo_2C$ 纳米晶核难以通过化学气相传输方式进行生长。因此，用于 $Mo_2C$ 生长的钼源仅可能由靠近它们的 $MoO_2$ 提供。因此，随着反应界面远离，$Mo_2C$ 的生长将减慢。另外，样品中氧和碳的去除将在形成的 $Mo_2C$ 颗粒之间形成大量空隙，如图 5-35(c)和图 5-35(d)所示，这可以阻碍小颗粒通过聚结(烧结)的方式生长。

在炭黑完全消耗后，$Mo_2C$ 纳米颗粒将与剩余的 $MoO_2$ 纳米颗粒继续反应并在它们之间生成钼晶核。然后，形成的钼晶核可以通过原子扩散的方式生长(由化学反应提供钼原子，反应式(5-9))。然而，当化学反应界面远离形成的钼颗粒时，钼颗粒可通过原子扩散方式的生长变得缓慢。如表 5-1 所示，$MoO_3$ 的摩尔体积约为 Mo 的 3.26 倍，因此在 $MoO_3$ 被还原为 Mo 的过程中由于体积的减小和碳的消耗，将在钼产物中留下大量的空隙(图 5-35)。这些钼颗粒之间的空隙将阻碍较小的钼颗粒通过聚集烧结的方式生长。综上所述，炭黑与 $MoO_3$ 反应制备纳米钼粉的机理示意图可以如图 5-36 所示。

**表 5-1 $MoO_3$、$MoO_2$ 和 Mo 的化学参数[22,23,28-31]**

| 物相 | 摩尔质量/(g/mol) | 密度/(g/cm$^3$) | 摩尔体积/(cm$^3$/mol) |
|---|---|---|---|
| $MoO_3$ | 143.94 | 4.692 | 30.68 |
| $MoO_2$ | 127.94 | 6.47 | 19.77 |
| Mo | 95.94 | 10.2 | 9.41 |

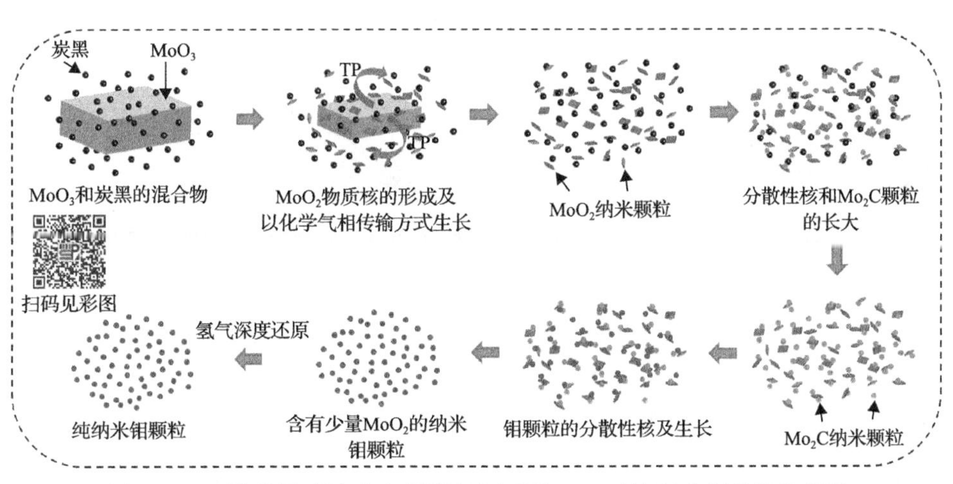


图 5-36 “缺碳预还原+氢气深脱氧”还原 $MoO_3$ 制备纳米钼粉的机理图

#### 5.3.6.3　其他还原剂还原 $MoO_3$ 形核和生长机理分析

为了进一步研究碳的粒度及还原剂的种类对 $MoO_3$ 还原过程中产物形核和生长过程的影响，也对大颗粒的活性炭、石墨、10%$CH_4/H_2$ 和 CO 还原 $MoO_3$ 的产物的形貌和粒度进行了分析，并结合 XRD 结果、EDS 和各物相的典型形貌及反应前后的形貌区分颗粒的物相类别。图 5-37(a)为在不同温度下 $n(C):n(MoO_3)=2.8$ 的活性炭还原 $MoO_3$ 产物的 FE-SEM 照片(程序升温法，5℃/min 升温)，其对应的 XRD 如图 5-34(a)所示。当温度为 500℃时，在活性炭的大颗粒表面出现了大量片状的 $MoO_2$ 颗粒，而不是出现在 $MoO_3$ 的光滑表面，这表明 Mo 仍然是由 $MoO_3$ 基体迁移到活性炭的表面，然后被还原生成 $MoO_2$ 并在活性炭表面形核和生长(图 5-37(a1))。随着反应温度升高至 700℃，此时的 $MoO_3$ 全部被还原为 $MoO_2$，$MoO_2$ 在大颗粒活性炭表面形成了 $MoO_2$ 产物层(图 5-37(a2))。这是由于活性炭颗粒较大(约 30μm)，$MoO_2$ 无法分散形核，只能集中在活性炭表面形核和沉积生长，最终从 $MoO_3$ 颗粒源源不断迁移的钼源持续在活性炭颗粒表面还原并沉积覆盖形成 $MoO_2$ 产物层。而在接下来的还原过程中，活性炭表面的 $MoO_2$

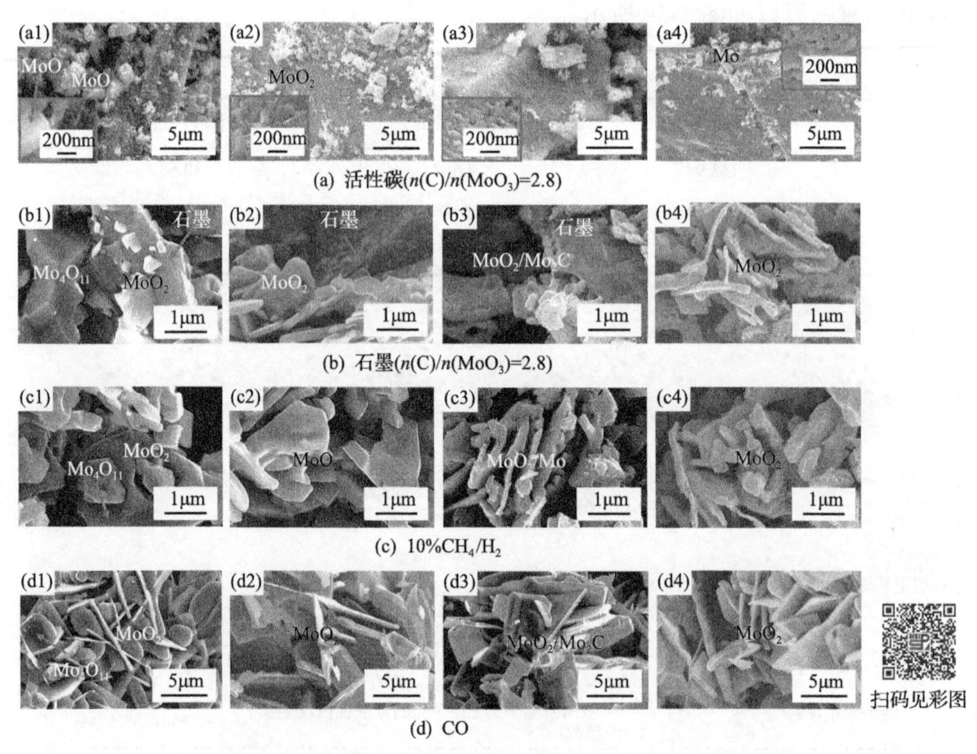


图 5-37　不同还原剂在不同温度下还原 $MoO_3$ 的产物 FE-SEM 照片(变温，5℃/min)

(a1)500℃，(a2)700℃，(a3)910℃，(a4)985℃；(b1)645℃，(b2)710℃，(b3)890℃，(b4)990℃；(c1)605℃，(c2)640℃，(c3)728℃，(c4)800℃；(d1)705℃，(d2)750℃，(d3)807℃，(d4)900℃

产物层无法被分散，故制备的 $MoO_2$ 产物基本继承了大颗粒活性炭的形貌和粒度，颗粒的粒径可达数十微米(图 5-37(a4))。因此，当使用大粒径的碳时，不能获得较细的 $MoO_2$、Mo 及 $Mo_2C$ 颗粒。这进一步说明分散形核对于纳米颗粒的制备是非常重要的。

当使用石墨作为还原剂时($n(C)/n(MoO_3)$为 2.8)，在不同温度下所获得产物的 FE-SEM 照片如图 5-37(b)所示，对应的 XRD 结果如图 5-34(b)所示。在 645℃时，紧挨着石墨颗粒处出现了较大的 $Mo_4O_{11}$ 颗粒，而且较小的片状 $MoO_2$ 也出现在了石墨颗粒的表面(图 5-37(b1))。当第一阶段的反应完成时(710℃)，所有的 $MoO_3$ 和 $Mo_4O_{11}$ 都被还原为粒径大于 1μm 的片状 $MoO_2$(图 5-37(b2))。最终生成的产物($Mo_2C$)保持图 5-37(b2)中 $MoO_2$ 颗粒的形貌和粒度(图 5-37(b4))。因此，采用石墨作为还原剂还原商业 $MoO_3$ 也无法制备出纳米或亚微米的 $MoO_2$、Mo 及 $Mo_2C$ 颗粒。

此外，当在不同温度下用 10%$CH_4/H_2$ 还原 $MoO_3$ 时，产物片状 $MoO_2$ 在大的 $Mo_4O_{11}$ 颗粒附近生成并长到 1μm 以上，制备的片状 $MoO_2$ 的粒度达到 1～2μm，并且最终制备的 $Mo_2C$ 也保持了 $MoO_2$ 的形貌和粒径(图 5-37(c))。当使用 CO 作为还原剂在不同温度还原 $MoO_3$ 时，产物的 FE-SEM 照片如图 5-37(d)所示，对应的 XRD 结果如图 5-34(d)所示。从中可以看到在 705℃时出现了粒度约 4μm 的 $Mo_4O_{11}$ 颗粒，并在其附近出现了尺寸大于 5μm 的片状 $MoO_2$ 颗粒。因此，在 $MoO_3$ 还原为 $MoO_2$ 的过程中出现了气相迁移现象。最终制备的产物也保持了 $MoO_2$ 的形貌和粒度。

此外，我们也进行了恒温氢气还原 $MoO_3$ 的分析。600℃氢气恒温还原 $MoO_3$ 制备的 $MoO_2$ 的粒度较大，粒度可达 5μm。而在 900℃恒温还原之后，制备出的钼颗粒基本继承了 $MoO_2$ 的整体形貌和粒度(图 5-38(a))。

综上所述，采用大颗粒的碳及气体还原剂还原商业 $MoO_3$ 制备的 $MoO_2$ 都是微米级的，无法制备出纳米级的 $MoO_2$。而大颗粒微米级的 $MoO_2$ 在被还原之后基本保持了原始 $MoO_2$ 的形貌和粒度。这种形貌遗传现象常出现在气基还原过程中，称为拓扑化学转变[15-23](定义为向基体化合物中添加、提取或替代元素，以合成保留前体结构或形貌的新化合物)。

为了进一步研究商业 $MoO_2$ 的迁移能力及炭黑是否能将其还原为纳米钼粉，本节也进行了炭黑还原商业 $MoO_2$ 的分析。当 $n(C)/n(MoO_2)$为 1.6 时，可以看到大的 $MoO_2$ 颗粒被小的炭黑颗粒包围。在 1000℃反应结束后(5℃/min 升温)，即使用具有小粒径的炭黑作为还原剂，制备的钼颗粒仍然在整体上保持了大尺寸的原始 $MoO_2$ 颗粒的粒度和形貌，只是在颗粒的表面出现许多小晶粒及裂纹(图 5-39)。因此，炭黑还原大颗粒的 $MoO_2$ 也无法实现分散形核和生长，导致无法制备出纳米钼粉。其主要的原因是 $MoO_2$ 难以像 $MoO_3$ 一样气相迁移到炭黑颗粒的附近而被还原和形核。

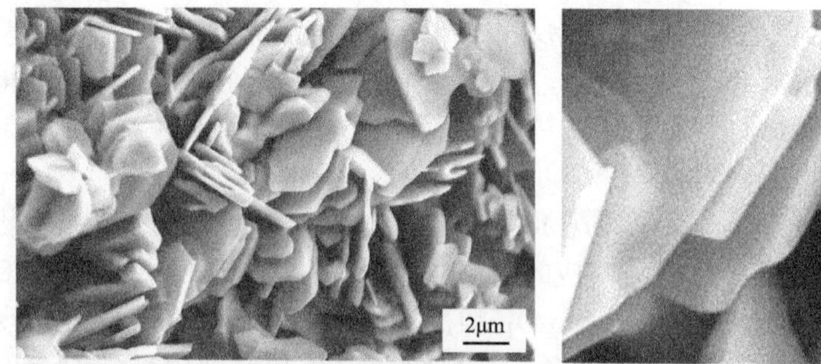


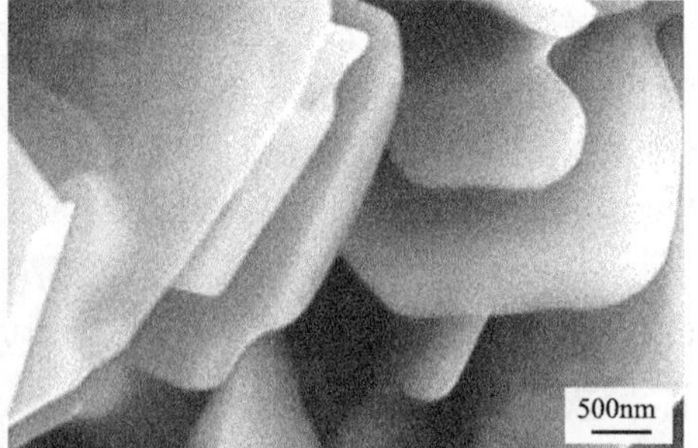


(a) 600℃氢气还原$MoO_3$制备的$MoO_2$电镜照片

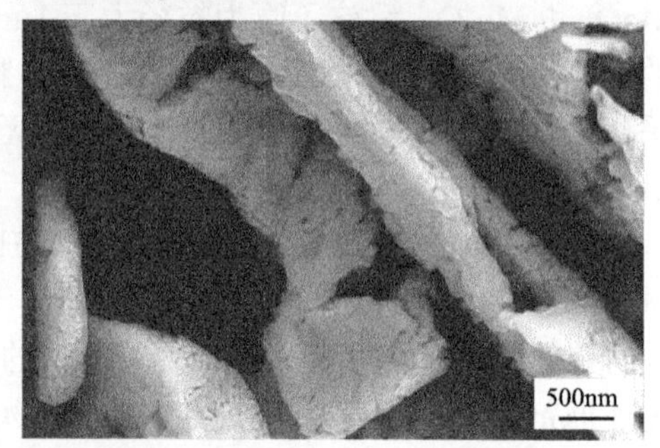


(b) 900℃氢气还原$MoO_2$制备的钼粉电镜照片

图 5-38　恒温氢气还原制备 $MoO_2$ 和钼粉照片

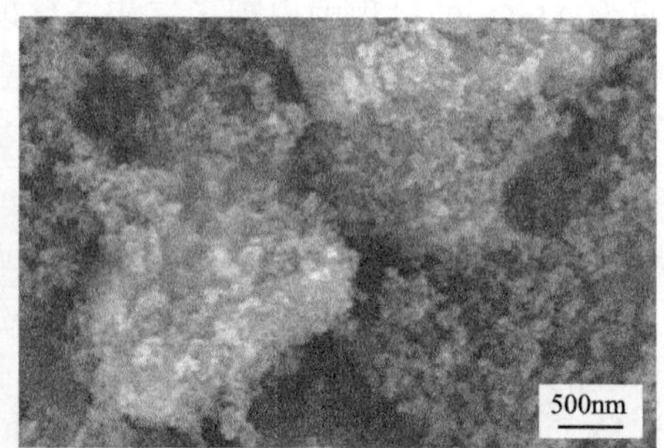


(a) $MoO_2$和炭黑的混合物($n$(C) : $n$($MoO_3$)=1.6)FE-SEM照片

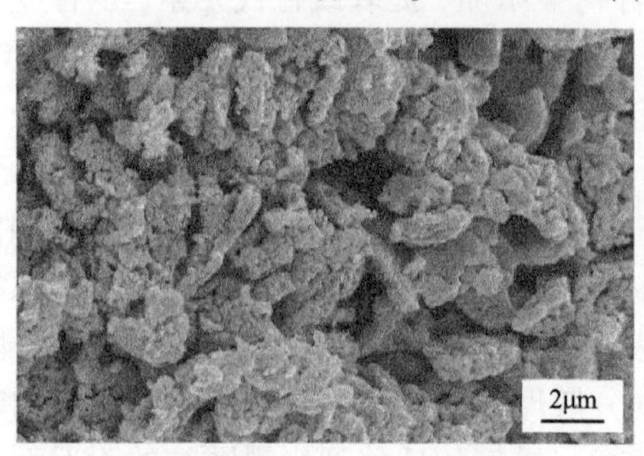

(b) 在1000℃还原产物的FE-SEM照片

图 5-39　$n$(C)∶$n$($MoO_3$)=1.6 时和 1000℃还原产物的 FE-SEM 照片

# 5.4 “缺碳预还原+氢气深脱氧”工艺制备超细钨粉

钨是一种重要的战略资源，其具有熔点高、化学性质稳定和耐腐蚀性好等特点，其应用领域主要集中于硬质合金、钢铁冶金、航空航天、原子能工业、照明等领域，是国民经济发展不可或缺的重要金属材料。

目前，工业上生产钨粉的主流工艺是氢气还原氧化钨，但由于氢气还原氧化钨的过程与还原氧化钼相似，会生成一种钨的气态中间相 W-O-H，其可将氧化钨转移、还原并沉积在钨核上，使钨粉颗粒逐渐长大，所以用氢气还原氧化钨制备纳米钨粉是相对困难的。本节将尝试前面章节提出的“缺碳预还原+氢气深脱氧”工艺用于超细钨粉的制备。

## 5.4.1 “缺碳预还原+氢气深脱氧”制备超细钨粉

### 5.4.1.1 实验原料及实验方法

本节使用 $WO_3$ 作为钨源，炭黑作为还原剂，$WO_3$ 的微观形貌如图 5-40 所示。从图中可以看出，$WO_3$ 是由许多小颗粒团聚在一起形成的微米级颗粒。超细钨粉的制备同样由缺碳预还原和氢气深脱氧两个过程组成，实验装置和前面章节保持一致。

(a) ×500

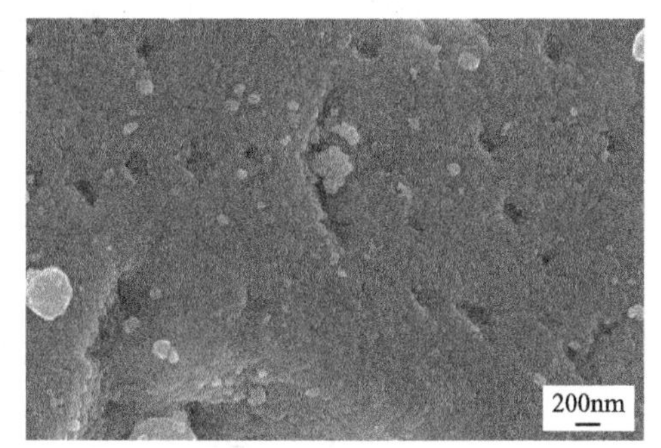


(b) ×20000

图 5-40 $WO_3$ 的电镜图片

在碳热反应还原 $WO_3$ 的实验中，反应原料按照 $WO_3$ 与炭黑不同的物质的量比（$n(C)/n(WO_3)$）进行配制，具体的 $n(C)/n(WO_3)$ 分别为 0.5、0.75、1.0、1.25、1.5、1.75、2.0、2.25、2.5、2.6、2.7。将上述混合均匀的原料装入坩埚中，再将坩埚放入石英管中，然后向石英管中通入氩气以排净石英管中残留的空气。待排气结束后，将盛有反应原料的石英管缓慢放入硅钼炉的恒温带。由室温按照

5℃/min 升温至 1050℃并保温 2h，待反应结束后取出坩埚待冷却至室温，实验过程中氩气流量始终保持 400mL/min。

将上述得到的碳热预还原产物进行氢气还原以脱除残留的氧化物。为了探究不同温度下氢气还原产物形貌的差别，分别在 750℃和 950℃两个温度进行还原。在氢气气氛下将炉子由室温以 5℃/min 的速率升温到指定温度，当炉温到达指定温度后保温 3h。待反应结束取出石英管，冷却至室温后取出反应产物以待检测。

#### 5.4.1.2　碳热还原反应的热力学计算

由 Factsage 7.0 计算得到的在 1atm 气体压力下 C-$WO_3$ 体系的二元相图(图 5-41)从中可以看出，$W_{18}O_{49}$、$WO_2$、W 和 WC 都是碳热反应过程中可能出现的产物。当碳热反应温度为 1050℃时，随着 $n(C)/n(WO_3)$ 从 0.5 增加到 2.5，将依次出现这些产物。从相图中可以看出，在较低的 $n(C)/n(WO_3)$ 下，$WO_3$ 被还原为 $W_{18}O_{49}$ 和 $WO_2$。当 $n(C)$ ∶ $n(WO_3)$=1 时，碳热反应产物中开始有纯钨形成，这与实验结果基本一致。随着 $n(C)/n(WO_3)$ 增加到 2.5，产物的物相逐渐转变为以钨为主且伴随有少量氧化钨，在随后的氢气还原过程中少量的氧化钨被全部去除。

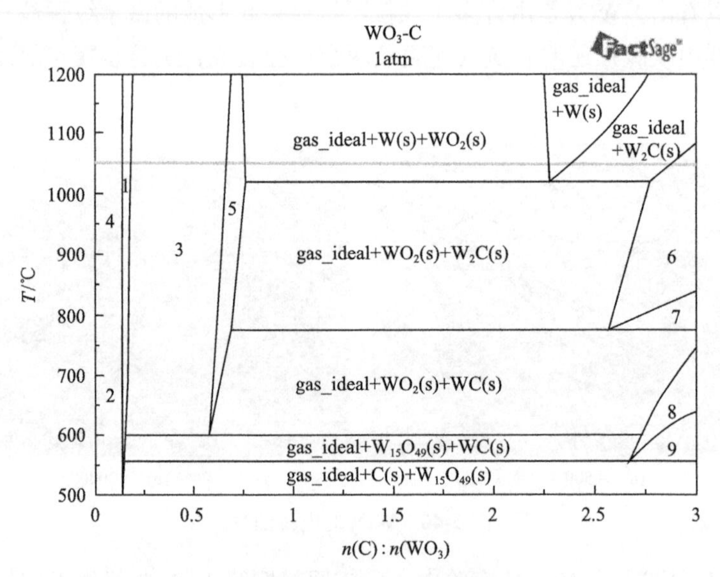


图 5-41　C-$WO_3$ 二元相图

1:gas_ideal+$W_{18}O_{49}$(s)；2:gas_ideal+$WO_3$(s) $W_{18}O_{49}$(s)；3:gas_ideal+$WO_2$(s) $W_{18}O_{49}$(s)；4:gas_ideal+$WO_3$($s_2$) $W_{18}O_{49}$(s)；5:gas_ideal+$WO_2$(s)；6:gas_ideal+$W_2C$(s)；7:gas_ideal+WC(s)；8:gas_ideal+WC(s)；9:gas_ideal+C(s)+$W_2C$(s)

然而，如前面章节所述，类似氧化钼的还原，单纯使用碳还原 $WO_3$ 制备的钨粉会有较高的残余碳含量。为了获得低残余碳含量的超细钨粉，本节提出了一种新的策略，即用过量的氧化钨来保证残余碳的完全消耗，然后用氢气将少量的残余氧化钨进行还原。该制备策略的可行性在于以下两个原则。钨氧化物(如 $WO_2$)与碳、$W_2C$ 和 WC 的反应(式(5-11)～式(5-15))可以自发进行。为了考察反应热力学的可行性，用 Factsage 计算了反应式(5-11)～式(5-13)的标准吉布斯自由能的变化，如图 5-42 所示。从图 5-42 可以看出，反应式(5-11)～式(5-13)在 955℃以上的标准吉布斯自由能变化均为负值，说明在 955℃以上，以各种形式存在的碳(C、$W_2C$ 和 WC)都能与 $WO_2$ 发生反应。因此，高温下样品中过量的氧化钨具备去除残余碳的能力。另外，在碳热还原过程中，CO 和 $CO_2$ 等气体产物对还原过程具有很大的影响[15,16]，它们可以通过反应式(5-14)和式(5-15)等气固反应促进氧和碳的迁移，极大地改善了反应动力学。

$$WO_2 + 2C \xlongequal{\quad} W + 2CO \tag{5-11}$$

$$WO_2 + 2W_2C \xlongequal{\quad} 5W + 2CO \tag{5-12}$$

$$WO_2 + 2WC \xlongequal{\quad} 3W + 2CO \tag{5-13}$$

$$WO_2 + 2CO \xlongequal{\quad} W + 2CO_2 \tag{5-14}$$

$$C + CO_2 \xlongequal{\quad} 2CO \tag{5-15}$$

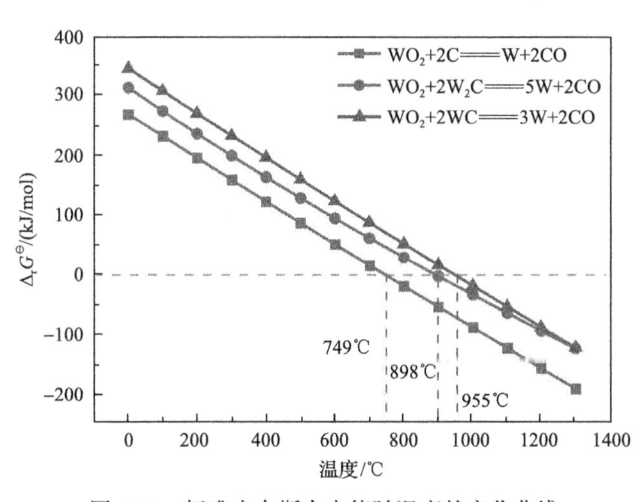


图 5-42 标准吉布斯自由能随温度的变化曲线

5.4.1.3 碳热预还原及氢气还原产物的物相分析

图 5-43 为 1050℃下碳热预还原产物的 XRD 图谱。由图 5-43 可知，碳热还原

后产物的物相组成随 $n(C)/n(WO_3)$ 而变化。当 $n(C):n(WO_3)=0.5$ 或 0.75 时，产物的物相为 $W_{18}O_{49}$ 和 $WO_2$。值得注意的是，当 $n(C):n(WO_3)=1$ 时，碳热还原的产物中形成了纯钨。随着 $n(C)/n(WO_3)$ 进一步从 1.0 增至 2.5，纯钨的物相强度逐渐增加，碳热还原后的产物主要由钨组成，其中 $WO_2$ 的含量逐渐减少。从图 5-43 中也可以看出，当 $n(C):n(WO_3)=2.6$ 时碳热还原的产物基本全为钨；而当 $n(C)/n(WO_3)$ 为 2.7 时，XRD 显示反应后的产物开始有 $W_2C$ 生成，这表明原料的配碳量过高。因此，为了确保碳热预还原产物中残留部分氧化钨，$n(C)/n(WO_3)$ 不能超过 2.5。图 5-44 和图 5-45 是 $n(C)/n(WO_3)$ 分别为 0.5、0.75、1.0、1.25、1.5、1.75、2.0、2.25、2.5 等 9 个配比的碳热预还原产物在 750℃和 950℃下氢气还原之后的产物的 XRD 图谱。从图 5-44 和图 5-45 可以看出，氢气还原后的产物

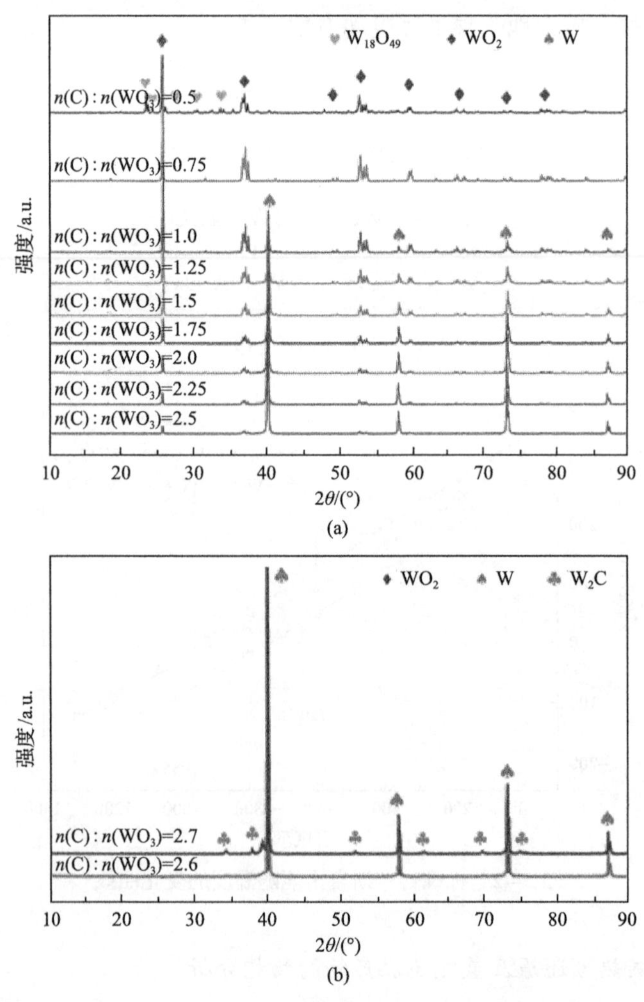


图 5-43　1050℃下不同 $n(C)/n(WO_3)$ 的碳热预还原产物 XRD 图谱

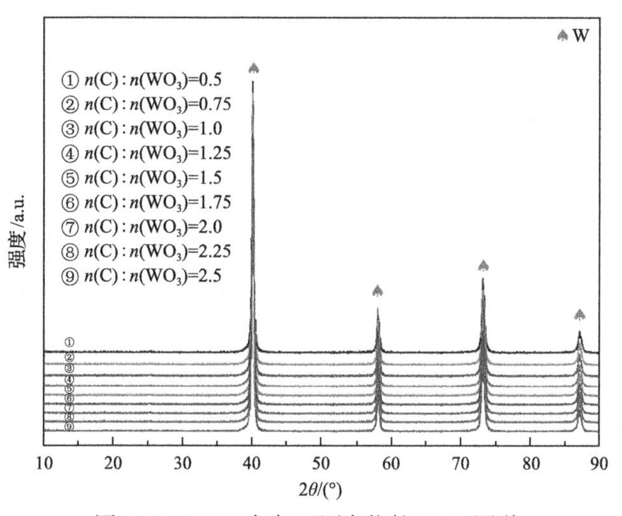


图 5-44 750℃氢气还原产物的 XRD 图谱

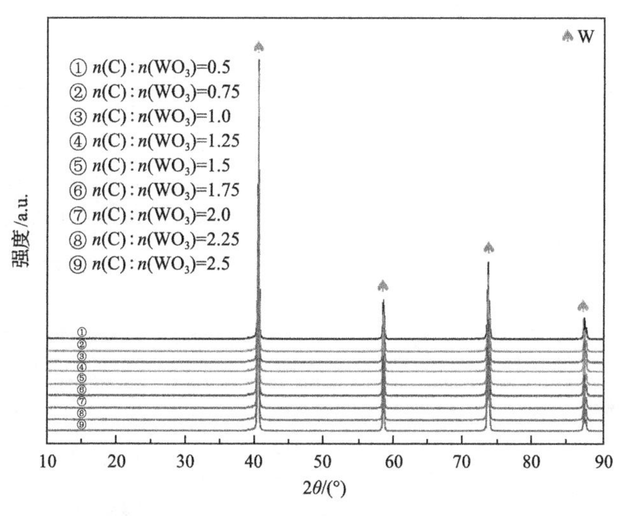


图 5-45 950℃氢气还原产物的 XRD 图谱

都是纯钨。图 5-46 是 $n(C)/n(WO_3)$ 为 0.5～2 的 7 个样品在碳热预还原后产物的宏观图片，随着 $n(C)/n(WO_3)$ 的升高，碳热反应后的粉体颜色逐渐加深，这与物相组成的变化趋势相符。

扫码见彩图

图 5-46 不同 $n(C)/n(WO_3)$ 的碳热预还原产物图片

(自左向右 $n(C)/n(WO_3)$ 依次为 0.5、0.75、1.0、1.25、1.5、1.75、2.0)

#### 5.4.1.4 碳热预还原及氢气还原产物的形貌分析

图 5-47 和图 5-48 为不同 $n$(C)/$n$($WO_3$)的碳热预还原和氢气还原产物的FE-SEM 照片，其中第一列($X_1$)、第二列($X_2$)和第三列($X_3$)分别为 1050℃碳热预还原、750℃氢气还原、950℃氢气还原产物的 FE-SEM 照片，其中图 5-47 的(a)～(c)分别是 $n$(C)：$n$($WO_3$)=0.5、0.75、1.0 时的 FE-SEM 照片，图 5-48 的(a)～(f)分别为 1.25、1.5、1.75、2.0、2.25 和 2.5 共 6 个 $n$(C)：$n$($WO_3$)对应产物的 FE-SEM 照片。

图 5-47 碳热预还原和氢气还原后产物的 FE-SEM 照片($n$(C)：$n$($WO_3$)=0.5、0.75、1.0)

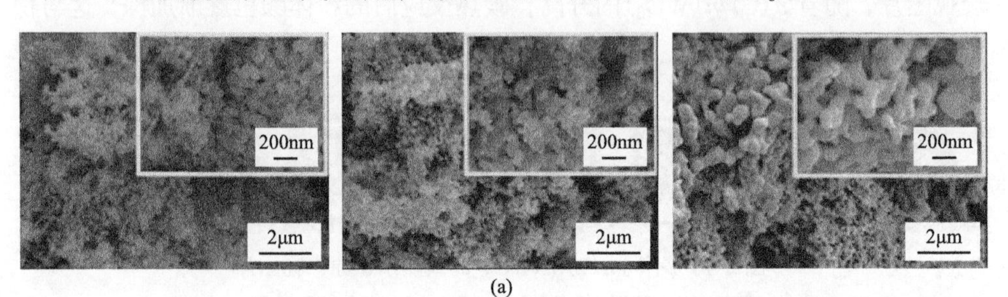

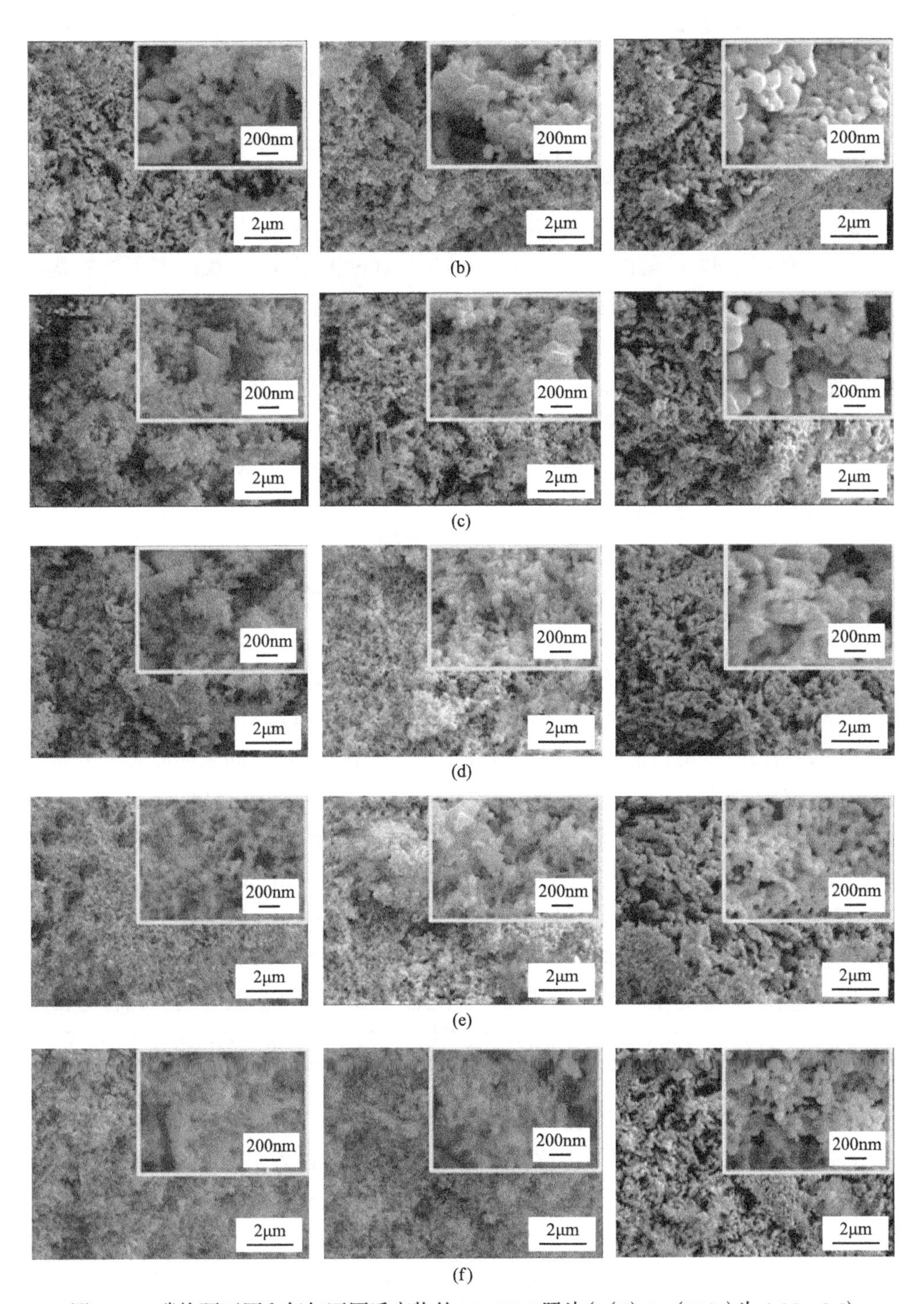


图 5-48 碳热预还原和氢气还原后产物的 FE-SEM 照片（$n$(C)：$n$($WO_3$)为 1.25～2.5）

1) 碳热还原过程

对比图 5-47 和图 5-48 的 $(X_1)$ 系列，很容易发现随着 $n(C)/n(WO_3)$ 的增加，碳热预还原产物的形貌会发生明显的变化。当 $n(C):n(WO_3)=0.5$ 时，根据 XRD 分析可知物相组成为氧化钨（$W_{18}O_{49}$ 和 $WO_2$），如图 5-47(a) 所示，碳热还原的产物由长棒状的颗粒组成。当 $n(C):n(WO_3)=0.75$ 时，此时产物基本全为 $WO_2$。图 5-47(b) 显示产物是由直径为几微米的圆棒组成。然而，当 $n(C)/n(WO_3)$ 增加到 1 时，从图 5-47(c) 可以看到，相比于 $n(C)/n(WO_3)$ 由 0.5～0.75 时形貌的微小变化，$n(C):n(WO_3)=1$ 时碳热还原的产物出现了两种形貌的产物，且大块的产物表面被少量细小的粉体包裹。通过上述 XRD 物相分析可知，细小的粉体为钨。结合图 5-47 和图 5-48 的碳热预还原产物形貌的变化趋势，可以发现 $n(C):n(WO_3)=1$ 是碳热反应的转折点。图 5-48(a)～(f) 显示随着 $n(C)/n(WO_3)$ 的继续升高，产物的形貌逐渐统一且粒度也逐渐变小。当 $n(C)/n(WO_3)$ 增加到 2.5 时，最终产物的粒度约为 90nm。

2) 氢气还原过程

与碳热预还原产物相比，氢气还原过程中产物形貌的变化较为复杂。图 5-47 和图 5-48 的 $(X_2)$ 和 $(X_3)$ 系列分别为在 750℃和 950℃下氢气还原产物的 FE-SEM 照片。相同 $n(C)/n(WO_3)$ 的碳热还原产物在两种还原温度下所得产物的形貌有较大差异，尤其是在较低的 $n(C)/n(WO_3)$ 下。当 $n(C)/n(WO_3)$ 分别为 0.5 和 0.75 时，从图 5-47(a) 和 (b) 可以清楚地看到，在 750℃和 950℃两种不同的还原温度下还原得到的产物形貌有很大的不同。图 5-47(a) 和 (b) 为 750℃时试样的形貌，从中可以明显看出，钨粉颗粒遗传了长条氧化钨的形貌，同时钨粉颗粒表面有许多细小的裂纹。但是，根据图 5-47(a) 和 (b)，当还原温度为 950℃时，最终产物的形貌为长条状结构，但与 750℃时的产物相比，产物表面更加光滑致密，钨晶粒的尺寸更大，且晶粒之间紧密相连。结合图 5-47 和图 5-48 可以发现，两种还原温度得到的钨粉的形貌变化具有共同特点，即随着 $n(C)/n(WO_3)$ 的升高，钨粉的粒度大幅度减小。对于 750℃和 950℃的还原产物，当 $n(C):n(WO_3)$ 超过 1 时，随着 $n(C):n(WO_3)$ 的增加，不规则形状的钨粉粒度逐渐减小。

为了更好地说明产物粒径的变化趋势，图 5-49 是 1050℃碳热预还原、750℃氢气还原和 950℃氢气还原产物粒径的变化趋势。图 5-49 表明随着 $n(C):n(WO_3)$ 的升高，粉体的粒度不断降低，当 $n(C):n(WO_3)=2.5$ 时三种粉体的平均粒度基本相同。从图 5-49 还可以发现，在相同的 $n(C)/n(WO_3)$ 下，950℃氢气还原所得产物的平均粒径要大于 750℃下的产物，这种粒径的差别是由不同温度下氢气还原机理的不同而导致的。

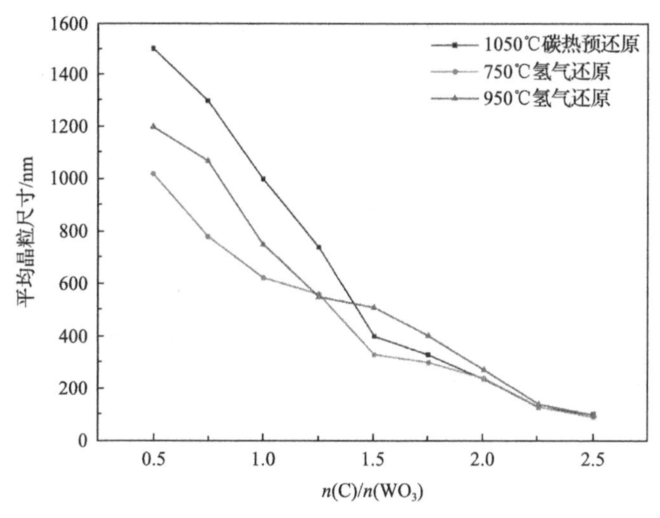


图 5-49 碳热预还原和氢气还原后粉体的平均粒径

#### 5.4.1.5 讨论

在制备钨粉或者钼粉的过程中，还原剂对产物的形貌有很大的影响[24-27]，如炭黑、活性炭和石墨。当以活性炭和石墨为还原剂时，所制备粉体的粒径约为微米级或亚微米级且形貌为不规则多面体，而炭黑还原制备的产物粒径可达到纳米级且形貌呈现均匀的球形。由于炭黑粒度细，当炭黑和 $WO_3$ 充分混合后，炭黑均匀地分布在 $WO_3$ 表面，这可以为碳热反应提供更多的形核点，因此以炭黑为还原剂制备的钨粉的粒度可以达到纳米级别。

与碳热还原过程相比，氢气还原的过程较为复杂。由图 5-47($X_2$)和($X_3$)的对比可以发现，当 $n(C)/n(WO_3)$ 分别为 0.5 和 0.75 时，750℃和 950℃氢气还原产物的形貌有较大差异，这说明不同温度下氢气还原 $WO_3$ 的反应机理不同。当假晶转换机理起作用时，产物和反应物的形貌基本相同，而当化学气相传输起作用时，产物和反应物的形貌发生了很大的变化[28]。出现这种现象的根本原因是在化学气相传输过程中形成了一种可迁移的、高度不稳定的 W-O-H 气相中间体。以水和氧化钨为原料合成的气态中间产物 W-O-H，在氢气还原过程中起着重要作用。在气相 W-O-H 的生成、迁移、还原和被还原生成钨的沉积过程中，原料与产物的形貌会有较大的差异[24]。在 750℃时，由于温度较低，反应速度慢，单位时间产生的水和 W-O-H 的浓度较低，氢气还原以假晶转变机理为主，前驱体中的残余氧被氢气还原形成钨粉，但是保持了整体的形貌基本不变。然而，$WO_2$ 和 W 的摩尔体积分别为 19.98cm$^3$/mol 和 9.50cm$^3$/mol。因此，在氧化钨还原为钨的过程中，产物体积不断缩小，产品表面出现许多裂纹。同时，当 $n(C)/n(WO_3)$ 为 0.5 或 0.75 时，由于预还原产物中的氧含量较高，在 950℃氢气还原时形成了较多的 W-O-H 不稳定相，使得产物钨粉可以在氧化物颗粒外形核，不过生成的钨粉烧结或通过钨原子沉积连接而使得产物呈现棒状形貌。当 $n(C)/n(WO_3)$ 为 1 时，碳热预还原产物中出现纳米钨粉，其出现对最终产物的形貌有重要影响。在 950℃的氢气还原反应中，当 $n(C)/n(WO_3)$ 超过 1 时，碳热预还原形成的钨粉为化学气相传输机理提供了很好的形核点。随着 $n(C)/n(WO_3)$ 的增加，预还原产物中的残余氧减少，产物中形成越来越多的超细钨粉颗粒，这为化学气相传输提供了更多的核心。随着 $n(C)/n(WO_3)$ 数值的增加，预还原产物中的核心逐渐增加，同时在后续氢气还原过程中 W-O-H 不稳定气相的量逐渐减少，导致化学气相传输机理减弱。当 $n(C)/n(WO_3)$ 达到 2.5 时，化学气相传输与碳热还原的最终产物基本相同。图 5-50 为本章中纳米钨粉制备过程的反应机理示意图。

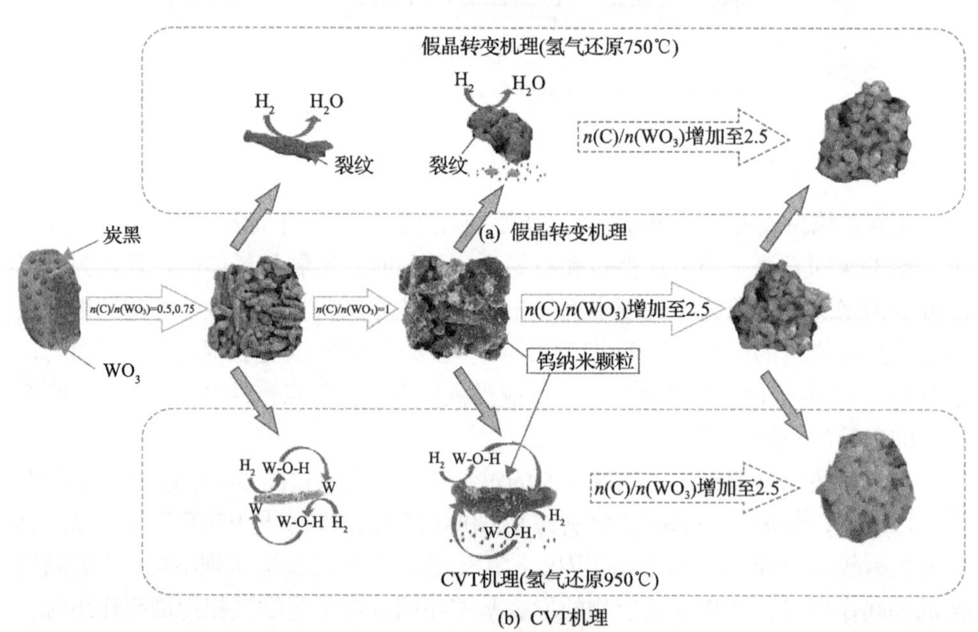


图 5-50　反应机理简图

碳热预反应后粉体中的氧含量不仅对后续氢气还原制备产物粉体的形貌有重要影响，对最终产物的碳含量也有影响。图 5-51 是碳热预还原和氢气还原后的产物中碳含量与 $n(C)/n(WO_3)$ 的关系。从中可以看到，在相同配碳比下氢气还原后产物的碳含量总是高于碳热预还原后的产物，这是因为在氢气还原过程中粉体中的氧被去除，致使碳含量与粉体质量的比值不断升高，这也间接说明氢气(干氢)还原过程的脱碳作用较弱。在图 5-51 中，还可以发现随着配碳比的升高，两种粉体的碳含量均增加，这是因为随着配碳比的升高，碳热预还原产物中氧的含量逐渐降低，而高的氧含量是低含量的残留碳的保证。

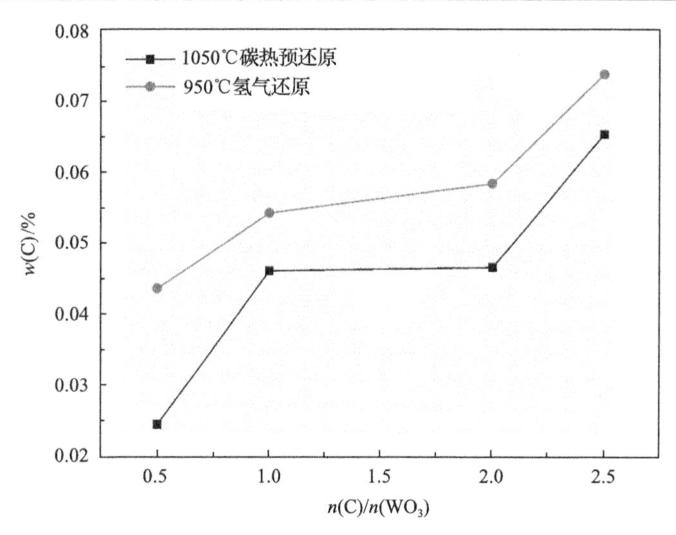


图 5-51 碳热预还原和氢气还原后产物中碳含量与 $n$(C)/$n$($WO_3$)关系

## 5.4.2 低配碳时“碳热预还原+氢气深脱氧”还原 $WO_3$ 制备超细钨粉

### 5.4.2.1 含纳米钨晶核的 $WO_2$ 的制备

本节将详细研究在低配碳情况下，“碳热预还原+氢气深脱氧”工艺还原 $WO_3$ 制备超细钨粉的过程及机理。

将不同 $n$(C)/$n$($WO_3$)的炭黑和 $WO_3$ 充分混合，得到 $n$(C)/$n$($WO_3$)分别为 0.74、1.0、1.25 和 1.5 的混合均匀的混合物。然后，将 8g 混合物在 1000℃(5℃/min 升温速率，氩气气氛)保温 2h 制备含不同量钨的 $WO_2$。当 $n$(C)：$n$($WO_3$)=0.74 时，产物物相中仅含有 $WO_2$ 的衍射峰。当 $n$(C)：$n$($WO_3$)=1.0 时，出现少量的钨，而且随着 $n$(C)/$n$($WO_3$)的逐渐增加，钨的含量逐渐增多(图 5-52)。通过样品失重率和物料守恒计算得到 $n$(C)：$n$($WO_3$)分别为 1.0、1.25 和 1.5 时制备的产物中钨的含量分别约为 12%、27%和 40%。

图 5-53 是炭黑还原 $WO_3$ 制备出的含不同量钨的 $WO_2$ 的 FE-SEM 照片。当 $n$(C)：$n$($WO_3$)=0.74 时，此时 $WO_2$ 不含有 W，可以看出制备的 $WO_2$ 颗粒具有 1～2μm 的较大粒度(图 5-53(a))。当 $n$(C)：$n$($WO_3$)增加时，在大的 $WO_2$ 颗粒周围生成了大量分散的平均尺寸约为 25nm 的近球形的钨纳米粒子(图 5-53(b)～图 5-53(d))。从含有不同量钨纳米颗粒的 $WO_2$ 的 TEM 图可以看到，钨纳米晶核的粒径与 FE-SEM 结果相近。高分辨率 TEM(HR-TEM)显微照片显示其具有较好的结晶度，晶面间距约为 2.22Å 和 2.24Å，对应于钨晶体的(110)晶面[26](图 5-54)。因此，通过炭黑还原 $WO_3$ 也成功制备出了含钨纳米晶核的 $WO_2$。

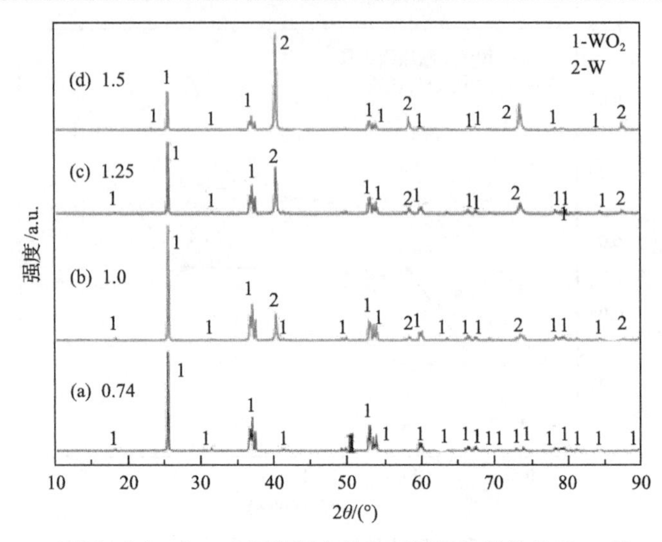


图 5-52　不同 $n(C)/n(WO_3)$ 原料制备的含不同量钨晶核的 $WO_2$ 的 XRD 图

(a) $n(C)/n(WO_3)=0.74$

(b) $n(C)/n(WO_3)=1.0$

(c) $n(C)/n(WO_3)=1.25$

(d) $n(C)/n(WO_3)=1.5$

图 5-53 不同 $n(C)/n(WO_3)$ 原料制备的含不同量钨纳米晶核的 $WO_2$ 的 FE-SEM 照片

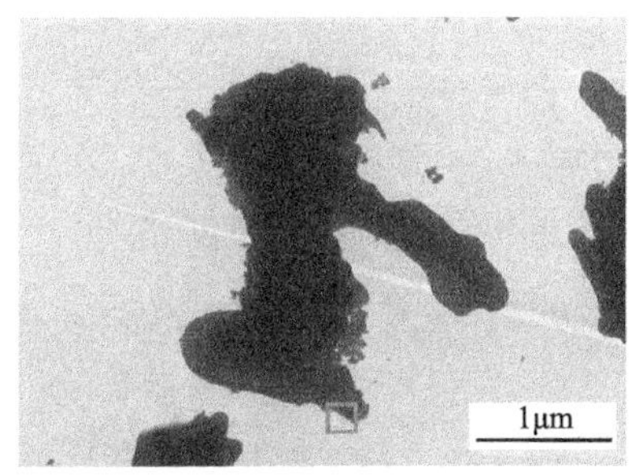


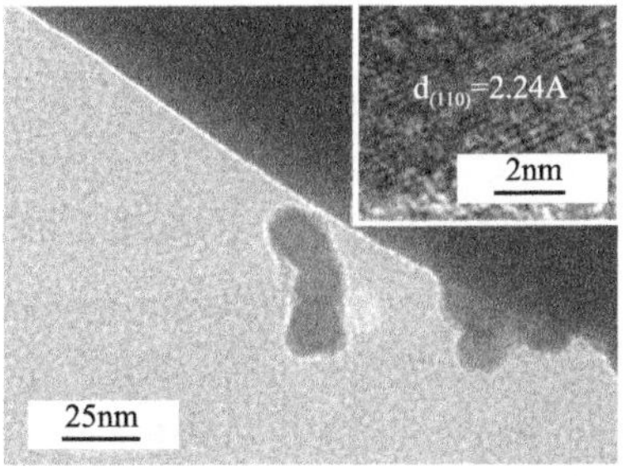


(a) $n(C)/n(WO_3)=1.0$

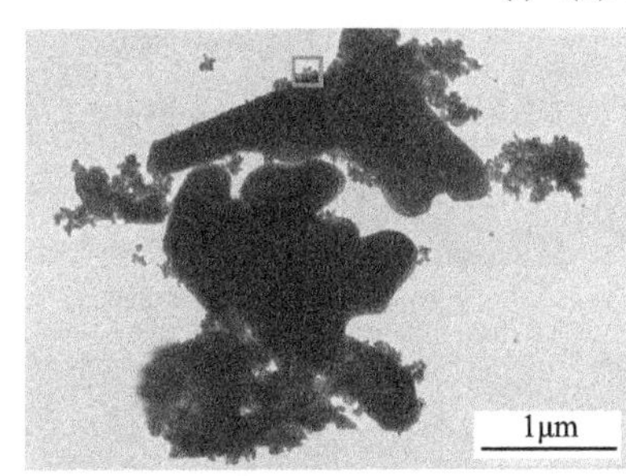

(b) $n(C)/n(WO_3)=1.25$

图 5-54 不同 $n(C)/n(WO_3)$ 原料制备的含不同量钨晶核的 $WO_2$ 的 TEM 图

#### 5.4.2.2 氢气还原不含钨晶核的 $WO_2$ 的过程

每次使用 100mg 样品，在 800～900℃下进行不含钨纳米晶核的 $WO_2$ 的恒温氢气还原实验。其 TG 曲线显示，当失重保持恒定时，样品的最终失重率约为 15%，接近于氢气还原 $WO_2$ 制备钨的理论失重率(14.93%)。800℃时 70min 内可完全还原，900℃时反应时间显著缩短至 13min 左右，而且反应进度随反应时间也呈现近似的线性关系(图 5-55)。

图 5-56(a)～图 5-56(c)显示了在不同温度下氢气还原 $WO_2$ 制备的钨粉的 FE-SEM 照片。从中可以看出，产物的形貌从 $WO_2$ 的近似棒状变为近球形。随着温度从 800℃升高到 900℃，钨的粒径从 800℃的约 600nm 增加到 850℃的约

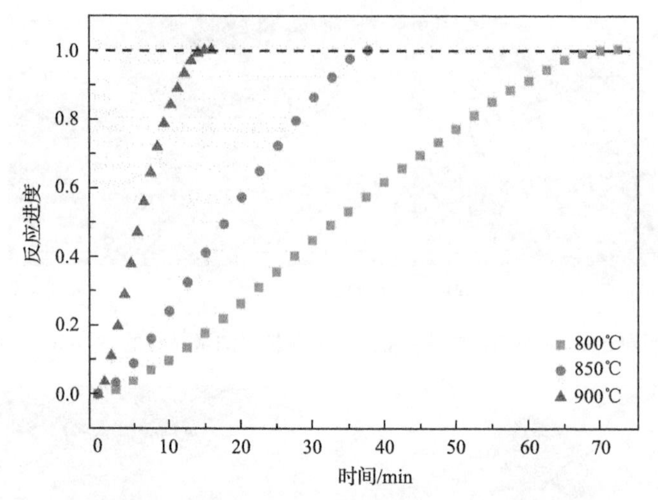


图 5-55　在不同温度氢气还原不含钨晶核的 $WO_2$ 的 TG 曲线

(a) 800℃　(b) 850℃　(c) 900℃　(d) 800℃氢气还原不含钨晶核的$WO_2$，反应度为0.14时的FE-SEM照片

图 5-56　在不同温度下氢气还原不含钨晶核的 $WO_2$ 的产物 FE-SEM 照片

1000nm，而当温度进一步升高到 900℃时，粒径达到约 1500nm。为了进一步研究其形核和生长的机理，分析了 800℃ $WO_2$ 还原度为 0.14 时产物的 FE-SEM 照片(图 5-56(d))，从中可发现在原始 $WO_2$ 基体外形成了少量钨晶核，这些钨晶核在

接下来的氢气还原中生长为较大的钨颗粒(图 5-56(a))。因此，难以通过传统的氢气还原方法获得纳米钨粉。

### 5.4.2.3 氢气还原含钨纳米晶核的 $WO_2$ 的过程

图 5-57(a)显示了在 800℃下含有不同量的纳米钨晶核的 $WO_2$ 的氢气还原 TG 曲线。从中可以看到，纳米钨晶核的存在可以显著提高反应速率。当 $WO_2$ 中含有 12%纳米钨晶核时，反应时间从约 70min(氢气还原不含纳米钨晶核的 $WO_2$)显著减少至约 22min。然而，随着纳米钨晶核含量的进一步增加，反应时间的减少并不明显。此外还可以发现，在纳米钨晶核的存在下，反应进度与反应时间也具有明显的线性关系。含 27%纳米钨晶核的 $WO_2$ 在 700～900℃不同温度下氢气还原的 TG 曲线显示，700℃时的反应非常缓慢(图 5-57(b))。但是，当温度升至 750℃时，反应速率显著增加。同时，在 750℃以上的温度，反应进度与反应时间之间具有近线性关系。氢气还原后，所有的 $WO_2$ 都被还原为钨(图 5-57(c)和图 5-57(d))。

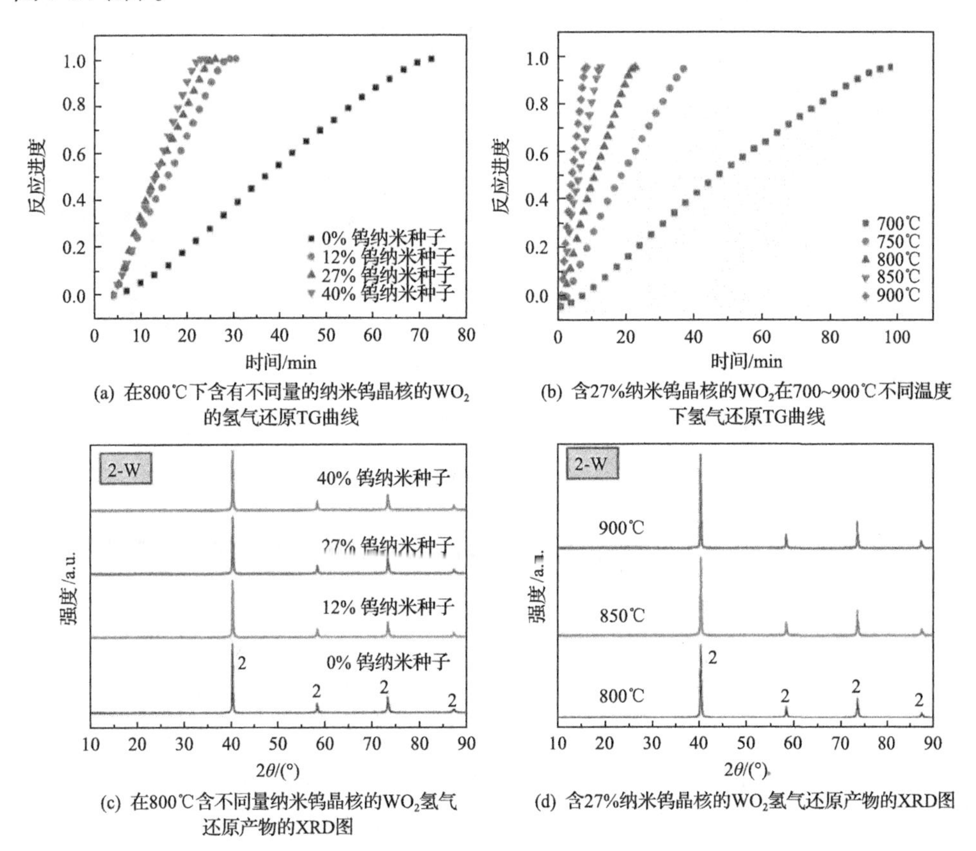


(a) 在800℃下含有不同量的纳米钨晶核的$WO_2$的氢气还原TG曲线

(b) 含27%纳米钨晶核的$WO_2$在700~900℃不同温度下氢气还原TG曲线

(c) 在800℃含不同量纳米钨晶核的$WO_2$氢气还原产物的XRD图

(d) 含27%纳米钨晶核的$WO_2$氢气还原产物的XRD图

图 5-57 氢气还原含钨纳米晶核的 $WO_2$ 的 TG 曲线和 XRD 图

图 5-58 为含有 27%纳米钨晶核的 $WO_2$ 在 700～800℃不同温度下氢气还原制备的钨粉的 FE-SEM 照片。在 700℃氢气还原后，纳米钨晶核的粒径几乎没有变化，而大颗粒微米级的 $WO_2$ 还原出的钨颗粒也基本保持了原始 $WO_2$ 的形貌和粒度。因此，在 700℃时，即使在纳米钨晶核的辅助下，仍然不能将大颗粒的 $WO_2$ 转化为小颗粒的钨。而当温度升至 750℃时，大颗粒 $WO_2$ 还原出来的大颗粒钨的粒度明显减小，只剩少量约几百纳米的颗粒，而纳米钨晶核的粒度略微增加(图 5-58(c))。随着温度升高到 800℃，所有大颗粒的 $WO_2$ 都被还原为小颗粒的钨，纳米钨颗粒的粒径增加到约 40nm。因此，即使在纳米钨晶核的辅助下，也需要高于 800℃的温度才能将微米级 $WO_2$ 转化为钨纳米颗粒。

(a) 反应前　(b) 700℃

(c) 750℃　(d) 800℃

图 5-58　含 27%纳米钨晶核的 $WO_2$ 在不同温度氢气还原产物的 FE-SEM 照片

下面分析含不同量纳米钨晶核的 $WO_2$ 在不同温度下氢气还原制备的钨粉的形貌(图 5-59)。当存在 12%纳米钨颗粒时，在 800℃时，所有大的 $WO_2$ 颗粒转化为平均粒径约为 60nm 的纳米钨颗粒(图 5-59(a))，其远小于原始 $WO_2$ 和氢气还原不含纳米钨晶核的 $WO_2$ 制备的钨的尺寸(图 5-56(a))。随着温度升高，钨的颗粒大小逐渐增加，在 850℃时增加至约 140nm，在 900℃时增加至约 180nm。对于给定量的纳米钨晶核，当温度升高时，所制备的钨的粒度逐渐增加。然而，在给定的温度下，当纳米钨晶核的量增加时，获得的纳米钨颗粒的尺寸逐渐减小。例如，在 900℃时，当纳米钨晶核的量从 12%增加到 27%时，所制备钨粉的颗粒大小从约 180nm 减小到约 90nm，继续增加纳米晶核的含量至 40%时，粒度进一步减小至约 50nm。当在 800℃下还原含有 40%纳米钨晶核的 $WO_2$ 时，制备出平均粒度约 35nm 的纳米钨粉。可以发现，最终制备的纳米钨颗粒的粒径由纳米钨晶核的量和温度决定。

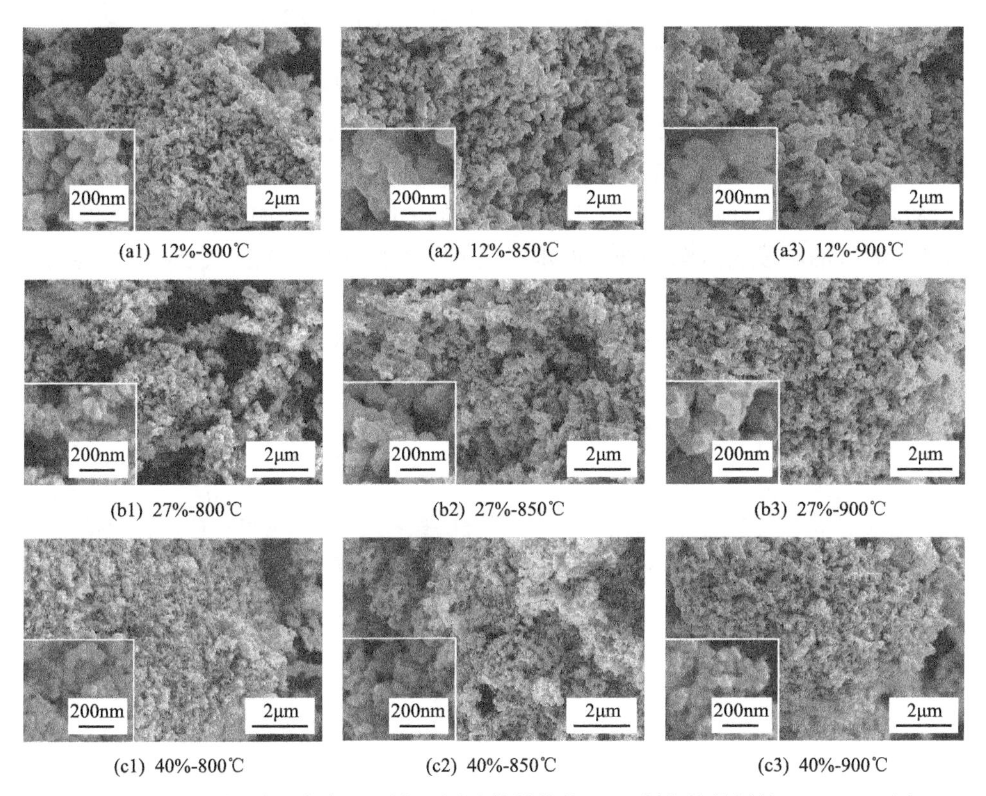


(a1) 12%-800℃ (a2) 12%-850℃ (a3) 12%-900℃

(b1) 27%-800℃ (b2) 27%-850℃ (b3) 27%-900℃

(c1) 40%-800℃ (c2) 40%-850℃ (c3) 40%-900℃

图 5-59 在不同温度下氢气还原含不同量钨晶核的 $WO_2$ 制备的钨粉的 FE-SEM 照片

#### 5.4.2.4 形核、生长与粒度调控机理分析

同氢气还原 $MoO_2$ 相类似，氢气还原 $WO_2$ 的整个还原反应可以通过反应式(5-16)和式(5-17)来描述。反应产生的水蒸气可以与 $WO_2$ 反应并生成气态中间产物 $WO_2(OH)_2$[26-30]。通过其吉布斯自由能变化式(5-18)可知，当吉布斯自由能变为零时，$WO_2(OH)_2$ 的分压可以通过式(5-19)来评估。因此，对于给定的温度，$WO_2(OH)_2$ 的浓度主要由氢气中水蒸气的浓度来决定的[4]。这与氢气还原 $MoO_2$ 过程中 $MoO_2(OH)_2$ 的生成相似。

$$WO_2(s) + 2H_2(g) \longrightarrow W(s) + 2H_2O(g) \tag{5-16}$$

$$WO_2(s) + 2H_2O(g) = WO_2(OH)_2(g) + H_2(g) \tag{5-17}$$

$$\Delta_r G_{(reaction\ (5\text{-}17))} = \Delta_r G^{\ominus}_{(reaction(5\text{-}17))} + RT\ln\left(\frac{(P_{H_2}/P^{\ominus})\cdot(P_{WO_2(OH)_2}/P^{\ominus})}{(P_{H_2O}/P^{\ominus})^2}\right) \tag{5-18}$$

$$p_{WO_2(OH)_2} = e^{\frac{-\Delta_r G^{\ominus}_{(reaction(5\text{-}17))}}{RT}} \cdot \frac{(P_{H_2O}/P^{\ominus})^2}{(P_{H_2}/P^{\ominus})} \tag{5-19}$$

图 5-60(a)和图 5-60(b)是 $WO_2$ 和氢气之间的气-固反应及钨通过化学气相传输生长示意图[4]。在 $WO_2$-$H_2$-W 系统中，$WO_2$ 具有最高的氧势，导致氢气的浓度在 $WO_2$ 的表面具有最小值($r_1$)，但是水蒸气的浓度值最高。随着 $WO_2$ 界面距离的增加，氢气的浓度将逐渐增加，而水蒸气的浓度将减小。根据式(5-19)，这种相反的氢气和水蒸气浓度梯度有利于 $WO_2(OH)_2$ 的生成，并且使 $WO_2(OH)_2$ 在 $WO_2$ 附近产生浓度差异。$WO_2(OH)_2$ 的这种浓度梯度将驱使钨从 $WO_2$ 颗粒转移到钨颗粒。

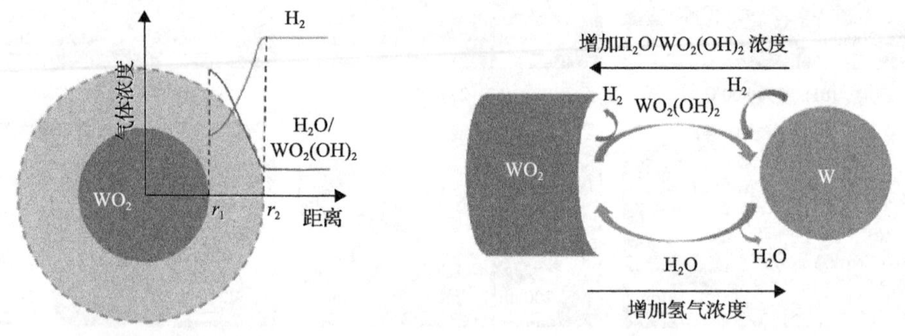

(a) $WO_2$和氢气之间的气-固反应示意图

(b) 钨通过化学气相传输生长示意图

图 5-60 $WO_2$ 和氢气之间的气-固反应和钨通过化学气相传输生长示意图

水蒸气和 $WO_2(OH)_2$ 的浓度会对钨的形核具有比较大的影响，如形成的钨晶核的分散性和数量。在较低的温度下，如在 700℃时，由于反应速率较慢，靠近 $WO_2$ 表面产生的水蒸气的浓度将比较低，因此 $WO_2(OH)_2$ 的浓度较低。在这种情况下，钨难以迁移并分散形核，这导致围绕未反应的 $WO_2$ 生成钨产物层。在这种情况下，最终形成的钨将保持原料 $WO_2$ 的形貌和尺寸(图 5-58(b))。然而，在高于 800℃的较高温度下，由于具有较快的反应速率，水蒸气和 $WO_2(OH)_2$ 具有相对较高的浓度。因此，钨的迁移能力较高，使钨可以分散形核(图 5-57)。简而言之，在较高的水蒸气浓度时，钨稳定存在的临界半径较大，难以形核且生形核心的数量较少；此外，细小的颗粒也可能重新溶解到气相并重新沉积到较大的颗粒上。因此，当不掺入稳定的钨晶核时，所制备的钨的颗粒数量较少且粒度较大。

当在 $WO_2$ 中引入一些纳米钨晶核(25nm)时，可以实现对最终钨颗粒数量的调控。这些纳米晶核将作为种子并通过化学气相传输机理生长为相对较大的颗粒。对于通过种子生长制备纳米钨粉，可以使用等式(5-20)[31]近似预测生长颗粒的粒度，式中 $m_W$、$n_{seed}$ 和 $\rho_W$ 分别为 $WO_2$ 中钨的质量、种子颗粒的数量和钨的密度。因此，对于给定晶核种子的尺寸，晶核数量的增加或 $m_W$ 的减小将会导致最终钨颗粒尺寸的减小。然而，实验发现当纳米钨颗粒的量一定时，最终制备的钨颗粒尺寸随着温度的升高而增加，如图 5-59 所示。其中原因可能是温度的升高导致生成的水蒸气浓度增加，其促进了较小颗粒的溶解并重新沉积在较大的颗粒上，进而使最终颗粒数量减少且粒度增加。

$$r^3 = r_{seed} + \frac{3}{4} \cdot \frac{m_W}{\pi \rho_W n_{seed}} \tag{5-20}$$

氢气还原 $WO_2$ 制备钨粉有三种典型机理(图 5-61)。在高于 800℃的高温下，对于没有添加纳米钨晶核的情况，氢气还原 $WO_2$ 制备纳米钨颗粒的主要障碍是难以生成大量稳定的钨晶核，导致其生成的颗粒数量较少且粒度较大。而在纳米

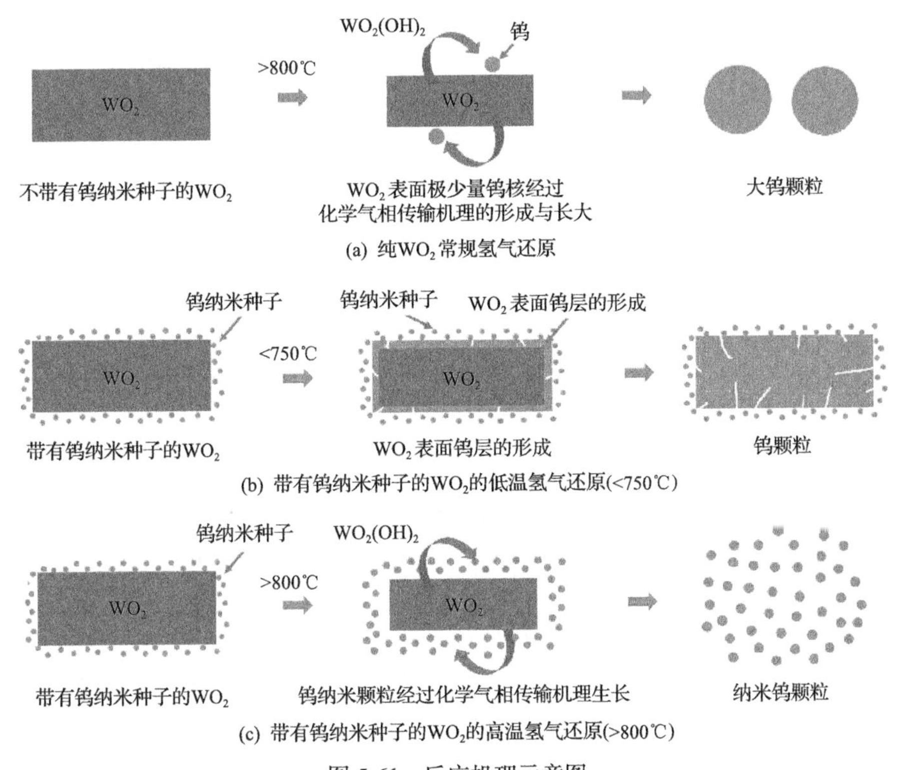


图 5-61 反应机理示意图

钨晶核存在的情况下，当温度低于 750℃时，由于生成的水蒸气和 $WO_2(OH)_2$ 浓度太低，纳米钨晶核难以通过化学气相传输生长，因此也无法将大颗粒的 $WO_2$ 转化成纳米钨颗粒。然而，随着温度升高到 800℃以上时，纳米钨晶核可以通过化学气相传输生长。因此可以说明，通过氢气还原 $WO_2$ 制备纳米钨颗粒的两个关键问题是引入大量分散的钨晶核和钨的气相传输（化学气相传输）。

#### 5.4.2.5 动力学分析

如图 5-62(a)～图 5-62(c)所示，发现含有不同量的纳米钨晶核的 $WO_2$ 的氢气还原 TG 曲线与反应时间具有近似的线性关系。通过拟合 TG 曲线，获得含有不同量纳米钨晶核的 $WO_2$ 的氢气还原速率常数(图 5-62(d))，所得到的实验结果与 Arrhenius 方程很好地吻合，并计算得到氢气还原含 0%、12%、27%和 40%纳米钨晶核的 $WO_2$ 的活化能分别为 173.3kJ/mol、95.7kJ/mol、112.0kJ/mol 和 95.5kJ/mol。这说明当 $WO_2$ 含有少量纳米钨晶核时，反应的活化能相对于没有添加纳米晶核的活化能显著降低，而氢气还原含有 12%、27%和 40%纳米钨晶核的 $WO_2$ 的活

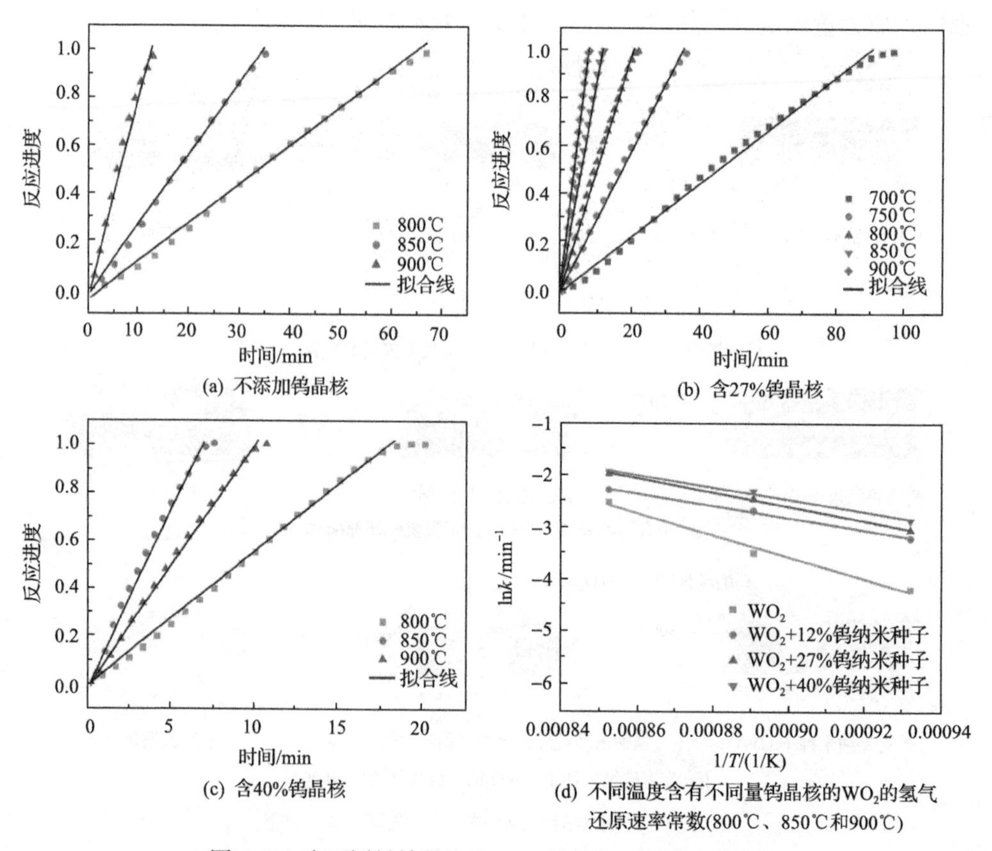


图 5-62 含不同量钨晶核的 $WO_2$ 的氢气还原动力学曲线

化能比较接近。对于氢气还原 $WO_2$(800～900℃)，钨虽然可以分散形核和生长，但是其形核数量较少(图 5-56(d))，这可能会对气相水合物的传输和还原有较大的影响。$WO_2$-W 体系中在钨颗粒处的氧势最低，$WO_2(OH)_2$ 由 $WO_2$ 基体处生成，然后迁移到钨颗粒被还原为钨原子并沉积到钨颗粒上[4]；但是，如果钨颗粒较少，将不利于 $WO_2(OH)_2$ 的传输和还原消耗。然而，如果当钨晶核的数量较多且分散均匀时，可以提供数量很多的消耗 $WO_2(OH)_2$ 的钨基体，因此 $WO_2(OH)_2$ 的传输和还原消耗会被显著地促进(图 5-57(a))。因此，对于 $WO_2$，有无大量的纳米钨晶核的存在对反应速率和活化能会有较大的影响。

## 参 考 文 献

[1] Lee J, Yang J, Kwon S G, et al. Nonclassical nucleation and growth of inorganic nanoparticles[J]. Nature Reviews Materials, 2016, 1(8): 16034.

[2] Wang Y, He J, Liu C, et al. Thermodynamics versus kinetics in nanosynthesis[J]. Angewandte Chemie International Edition, 2015, 54(7): 2022-2051.

[3] Sun G D, Zhang G H, Chou K C, et al. Preparation of SiS and $SiO_2$ nanospheres[J]. Industrial & Engineering Chemistry Research, 2017, 56(43): 12362-12368.

[4] Lassner E, Schubert W D. Properties, Chemistry, Technology of the Element, Alloys, and Chemical Compounds[M]. New York: Plenum, 1999: 124, 125.

[5] L'vov B V. Mechanism of carbothermal reduction of iron, cobalt, nickel and copper oxides[J]. Thermochimica Acta, 2000, 360(2): 109-120.

[6] Shen Y. Carbothermal synthesis of metal-functionalized nanostructures for energy and environmental applications[J]. Journal of Materials Chemistry A, 2015, 3(25): 13114-13188.

[7] Venables D S, Brown M E. Reduction of tungsten oxides with carbon. Part 1: Thermal analyses[J]. Thermochimica Acta, 1996, 282: 251-264.

[8] Venables D S, Brown M E. Reduction of tungsten oxides with carbon. Part 2. Tube furnace experiments[J]. Thermochimica Acta, 1996, 282: 265-276.

[9] 王璐. 超细氧化钼的制备及其气基还原动力学机理研究[D]. 北京: 北京科技大学, 2018.

[10] 党杰. 钼氧化物还原过程中的物相转变规律及其动力学机理研究[D]. 北京: 北京科技大学, 2016.

[11] Wang L, Zhang G H, Sun Y J, et al. Preparation of ultrafine β-$MoO_3$ from industrial grade $MoO_3$ powder by the method of sublimation[J]. The Journal of Physical Chemistry C, 2016, 120(35): 19821-19829.

[12] Blackburn P E, Hoch M, Johnston H L. The vaporization of molybdenum and tungsten oxides[J]. The Journal of Physical Chemistry, 1958, 62(7): 769-773.

[13] Berkowitz J, Inghram M G, Chupka W A. Polymeric gaseous species in the sublimation of molybdenum trioxide[J]. The Journal of Chemical Physics, 1957, 26(4): 842-846.

[14] Wang L, Bu C Y, Zhang G H, et al. Study of the Reduction of Industrial Grade $MoO_3$ Powders with CO or CO-$CO_2$ Gases to Prepare $MoO_2$[J]. Metallurgical and Materials Transactions B, 2017, 48(4): 2047-2056.

[15] Sun G D, Chang H Q, Zhang G H, et al. A low-cost and efficient pathway for preparation of 2D MoN nanosheets via $Na_2CO_3$-assisted nitridation of $MoS_2$ with $NH_3$[J]. Journal of the American Ceramic Society, 2019, doi.org/10.1111/jace.16649.

[16] Dang J, Zhang G, Wang L, et al. Study on reduction of $MoO_2$ powders with CO to produce $Mo_2C$[J]. Journal of the American Ceramic Society, 2016, 99(3): 819-824.

[17] Xiao X, Wang H, Urbankowski P, et al. Topochemical synthesis of 2D materials[J]. Chemical Society Reviews, 2018, 47(23): 8744-8765.

[18] Xiao X, Yu H, Jin H, et al. Salt-templated synthesis of 2D metallic MoN and other nitrides[J]. ACS Nano, 2017, 11(2): 2180-2186.

[19] Jin H, Liu X, Vasileff A, et al. Single-crystal nitrogen-rich two-dimensional $Mo_5N_6$ nanosheets for efficient and stable seawater splitting[J]. ACS Nano, 2018, 12(12): 12761-12769.

[20] Urbankowski P, Anasori B, Hantanasirisakul K, et al. 2D molybdenum and vanadium nitrides synthesized by ammoniation of 2D transition metal carbides (MXenes)[J]. Nanoscale, 2017, 9(45): 17722-17730.

[21] Xiong J, Cai W, Shi W, et al. Salt-templated synthesis of defect-rich MoN nanosheets for boosted hydrogen evolution reaction[J]. Journal of Materials Chemistry A, 2017, 5(46): 24193-24198.

[22] Xiao X, Wang H, Bao W, et al. Two-dimensional arrays of transition metal nitride nanocrystals[J]. Advanced Materials, 2019: 1902393.

[23] Jeon J, Park Y, Choi S, et al. Epitaxial synthesis of molybdenum carbide and formation of a $Mo_2C/MoS_2$ hybrid structure via chemical conversion of molybdenum disulfide[J]. ACS Nano, 2018, 12(1): 338-346.

[24] 郑欣, 白润, 王东辉, 等. 航天航空用难熔金属材料的研究进展[J]. 稀有金属材料与工程, 2011, 40: 1871-1875.

[25] Ahlgren T, Bukonte L. Concentration dependent hydrogen diffusion in tungsten[J]. Journal of Nuclear Materials, 2016, 479: 195-201.

[26] Zimmerl T, Schubert W D, Bicherl A, et al. Hydrogen reduction of tungsten oxides: Alkali additions, their effect on the metal nucleation process and potassium bronzes under equilibrium conditions[J]. International Journal of Refractory Metals and Hard Materials, 2017, 62: 87-96.

[27] Schöttle C, Bockstaller P, Gerthsen D, et al. Tungsten nanoparticles from liquid-ammonia-based synthesis[J]. Chemical Communications, 2014, 50(35): 4547-4550.

[28] Thanh N T K, Maclean N, Mahiddine S. Mechanisms of nucleation and growth of nanoparticles in solution[J]. Chemical Reviews, 2014, 114(15): 7610-7630.

[29] Lenz M, Gruehn R. Developments in measuring and calculating chemical vapor transport phenomena demonstrated on Cr, Mo, W, and their compounds[J]. Chemical Reviews, 1997, 97(8): 2967-2994.

[30] Millner T, Neugebauer J. Volatility of the oxides of tungsten and molybdenum in the presence of water vapour[J]. Nature, 1949, 163(4146): 601.

[31] Wang L, Zhang G H, Chou K C. Synthesis of nanocrystalline molybdenum powder by hydrogen reduction of industrial grade $MoO_3$[J]. International Journal of Refractory Metals and Hard Materials, 2016, 59: 100-104.